RENÉE SCHROEDER

WAS IST LEBEN?

DIE GESCHICHTE DES VIELSEITIGEN MOLEKÜLS RNA

PICUS VERLAG WIEN

Gedruckt mit freundlicher Unterstützung
von Stadt Wien Kultur.

Grafische Gestaltung: Dorothea Löcker, Wien

Druck und Verarbeitung:

Florjančič Tisk d.o.o., Maribor

ISBN 978-3-7117-3021-3

Informationen zu den Wiener Vorlesungen unter
www.wienervorlesungen.at

Informationen über das aktuelle Programm
des Picus Verlags und Veranstaltungen unter
www.picus.at

Die Wiener Vorlesungen

Nur eine aufgeklärte Öffentlichkeit, die freien Zugang zu validen Informationen und aktuellen Wissenschaftskonzepten hat, ist in der Lage, sich differenziert mit den gesellschaftlichen Herausforderungen unserer Zeit auseinanderzusetzen. Mit dem unverwechselbaren Wissenschaftsformat Wiener Vorlesungen leistet die Stadtregierung nun bereits seit mehr als drei Jahrzehnten einen wertvollen demokratiepolitischen Beitrag. Offen für alle, niederschwellig und zugleich hochkarätig werden hier die neuesten Erkenntnisse, Ideen und Fragestellungen aus Wissenschaft und Forschung präsentiert und diskutiert.

Als Forschungsstandort und Universitätsstadt hat die Stadt Wien eine Spitzenposition im mitteleuropäischen Raum inne und sieht es auch in ihrer Verantwortung, Impulsgeberin für aktuelle und zukunftsrelevante Auseinandersetzungen zu sein. So beziehen die Wiener Vorlesungen die Öffentlichkeit in den wissenschafts- und technologiepolitischen Diskurs mit ein und verhandeln Themen, die für die Stadt und ihre Bewohnerinnen und Bewohner besonders relevant sind.

Neu in der langen Geschichte ist das Format Wiener Vorlesungen online – geschuldet natürlich den mit der Covid-19-Pandemie einhergehenden Einschränkungen. Doch aus der Not wurde hier eine Tugend: Mittlerweile sind alle Veranstaltungen jederzeit nachträglich abrufbar und es kann somit auch zeitversetzt an der Diskussion

aktuellster Fragestellungen partizipiert werden. Denn ge-
rade in der Krise wurde sichtbar, welche Bedeutung ver-
trauenswürdige Konzepte der Wissensvermittlung wäh-
rend des Überangebots an Meldungen haben, das allzu
oft von Halbwissen, Unwissen und Falschwissen geprägt
ist. Das zeitgemäße Veranstaltungsformat trägt dazu bei,
Dimensionen abzuschätzen, Fragen zu bewerten und
schlussendlich Entscheidungen für das eigene Handeln zu
treffen. Eine fundierte Informationsbereitstellung und der
öffentliche Diskurs über die Voraussetzungen und Folgen
von Forschung ist gerade heute von zentraler Bedeutung.

Besonders wichtig in diesem Zusammenhang ist die
breite Diskussion des Nicht- beziehungsweise Noch-nicht-
Wissens geworden, das gute Wissenschaft auszeichnet und
zu ihrem Selbstverständnis zählt. Mit dieser Ungewissheit
des Nicht-Wissens bewusst umzugehen und diese mit der
Gesellschaft zu teilen, ist ein weiteres wichtiges Anliegen
der Wiener Vorlesungen.

An unterschiedlichen Schauplätzen – denn auch bei
ausschließlichen Online-Vorlesungen sollen verschiedene
Orte der Stadt zu Stätten der Bildung werden – lädt das
Dialogforum prominente Denkerinnen und Denker, den
Nachwuchs der Wissenschaft und insbesondere Wissen-
schaftlerinnen ein, ihre Erkenntnisse und Einsichten über
Fachgrenzen und Generationen hinweg mit der Bevölke-
rung zu teilen.

Um von den Wiener Vorlesungen zu profitieren, ist kein
Studium nötig! Das ideale Publikum zeichnet sich durch

große Wachheit und unbändige Neugier auf das Unbe-
kannte und brennende gesellschaftliche Fragen aus. Bei
kontrovers zu diskutierenden Themen ist dies umso ent-
scheidender. Wenn hier individuelle Echokammern auf-
gebrochen werden, die ansonsten zu einer Engführung der
Wahrnehmung führen können, hat das niederschwellige
Wissenschaftsformat sein Ziel erreicht und den demokra-
tiepolitischen Auftrag aufs Beste erfüllt.

In diesem Sinne freue ich mich, dass die Wiener Vor-
lesungen mit dieser Publikation nun auch schriftlich
vorliegen und einen noch weiteren Adressat*innenkreis
erreichen.

Veronica Kaup-Hasler
Stadträtin für Kultur und Wissenschaft

INHALT

WAS IST LEBEN?

DIE GESCHICHTE DES VIELSEITIGEN MOLEKÜLS RNA

Vorwort

Was ist Leben? Mit dieser Frage haben sich schon viele Menschen auseinandergesetzt. Anscheinend, so habe ich gelesen, gibt es noch keine allgemeingültige Definition dafür. Das wundert mich! Daher möchte ich diese Lücke schließen. Natürlich kann eine klare Definition für das, was wir Leben nennen, formuliert werden. Und genau das ist das Ziel dieses Buches.

Es ist meine feste Überzeugung, dass man am besten erkennt, was Leben ist, wenn man dessen Entstehung versteht. Also werde ich den Versuch wagen, möglichst verständlich und nach aktuellem Stand des Wissens den Ursprung des Lebens zu beschreiben.

Darüber hinaus möchte ich Ihnen jene *Moleküle* vorstellen, die diesen Prozess in Gang gesetzt haben könnten und heute noch steuern. Das ist das nächste Ziel dieses Buches: dass Sie die Ribonukleinsäure, das Molekül des Lebens, kennenlernen und vieles über sie erfahren werden – damit Sie meine Faszination dafür teilen können. Die Geschichte der Entstehung des Lebens ist zweifelsohne ein wichtiger Bestandteil der

Allgemeinbildung und sollte jedem Menschen zugänglich sein.

Eine Warnung vorweg: Wenn man den Ursprung des Lebens und die Evolution erforscht, gibt es eine scharfe Grenze: Man wird nie nachweisen können, dass es wirklich so war. Wir können nur zeigen, dass es chemisch möglich ist, also dass es so gewesen sein könnte. Nicht mehr! Man kann dann viele Argumente finden, die eine Hypothese unterstützen, diese zusammenfassen und auf diesen Grundlagen ein möglichst genaues Bild des Vorgangs formulieren. Zweifel werden immer bleiben – und das ist gut so. So funktionieren die Wissenschaften – eine Annäherung an die Realität ohne die Sicherheit, dass man sich nicht irrt.

Das Leben und die Vorgänge, die es steuert, zu verstehen ist eine anstrengende Aufgabe. Sie lohnt sich aber in mehrfacher Hinsicht, denn je besser wir Dinge verstehen, desto besser können wir damit umgehen und brauchen sie nicht zu fürchten. Hier möchte ich Marie Curie zitieren: *Man braucht nichts im Leben zu fürchten, man muss nur alles verstehen.*

Ich habe diesem Buch bewusst den gleichen Titel gegeben wie Erwin Schrödinger vor bald achtzig Jahren seinem. Ich entschuldige mich gleich für dieses anmaßende Verhalten, doch ich tue das aus großer Bewunderung für diesen innovativen interdisziplinären Denker und hoffe, dass dadurch sein Werk wieder mehr in Erinnerung gerufen wird.

Ich hatte die große Ehre und Freude, im Jahre 2010 in Dublin die jährliche Schrödinger-Vorlesung zu halten (https://www.tcd.ie/Physics/news-events/events/schrodinger). Und das im selben Saal, in dem er früher seine Vorlesungen hielt. Unter den Zuhörern waren Menschen, die in ihrer Studienzeit Erwin Schrödingers Vorlesungen bereits besucht hatten. Dieser Abend war einer der aufregendsten Höhepunkte meines Berufslebens!

Ich möchte dem Team der Wiener Vorlesungen danken, dass ich die Möglichkeit bekam, diese Vorlesung zu halten und anschließend dieses kleine Buch zu schreiben. Die Wiener Vorlesungen sind ein sehr kostbarer Wiener Schatz und beleuchten das kulturelle Niveau dieser wunderbaren Stadt.

Je höher die Bildung einer Bevölkerung, desto besser funktioniert deren Zusammenhalt, desto höher die Freude, dort zu leben und desto höher die Qualität des Lebens. Da ist Wien ein Vorbild für die Welt. Das soll so bleiben.

Bildung ist Nahrung für den Geist. Zur Bildung sollten nicht ausschließlich Literatur, Kunst und Geschichte gehören, sondern auch und vor allem die Naturwissenschaften. Denn diese werden entscheidend für das Überleben der Menschheit sein. Die Naturwissenschaften wecken die Neugierde, Zusammenhänge zu verstehen, und erleichtern wichtige Entscheidungen im Leben. In diesem Sinne hoffe ich, dass dieses Buch Ihnen freudige Momente bereiten wird.

Das Glossar ist eine Sammlung jener Begriffe (*kursiv* gedruckt im Text), die Ihnen vielleicht nicht so geläufig sind. Die Definitionen dieser Begriffe und die kurze biografische Vorstellung der WissenschafterInnen, die wesentliche Beiträge zum Verständnis des Lebens und der RNA-Welt beigetragen haben, soll Ihnen das Lesen leichter machen.

In der Referenzliste finden Sie spannende Artikel, Bücher und Vorträge, um sich in manche Themen vertiefen zu können, die hier zu kurz gekommen sind.

Ganz besonders möchte ich Ursel Nendzig danken für das Korrekturlesen und die guten Kommentare!

Viel Freude und Begeisterung auf der Reise in die RNA-Welt!

Auf der Suche nach einer allgemeingültigen Definition des Lebens

Das Phänomen »Leben« kann aus verschiedenen Perspektiven betrachtet werden. Es gibt viele Annäherungsmöglichkeiten, um es zu beschreiben. Jeder kann sich mit solch einer Übung beschäftigen. Ich möchte eine Definition finden, die allgemein anerkannt werden kann, und diese mit den Augen der Wissenschaft betrachten. Dazu möchte ich auch einige NaturwissenschafterInnen zu Wort kommen lassen.

Ich werde es tunlichst meiden, mich ins Literarisch-Deskriptive zu begeben und möglichst jene Eigenschaften des Lebens beschreiben, die eindeutig wissenschaftlich bearbeitet werden können, auch wenn die Kunst sehr ansehnliche und wertvolle Beiträge zur Beschreibung des Phänomens Leben beigetragen hat.

Los geht's!

Das Leben ist ein Prozess, keine Substanz!

Darüber können sich alle einig werden. Also können wir versuchen, diesen Prozess zu beobachten und zu beschreiben, möglichst multidisziplinär.

Ich fange mit der Physik an.

Erwin Schrödinger

Erwin Schrödinger hat im Jahre 1944 ein Buch mit dem Titel »Was ist Leben?« veröffentlicht. Darin hat er, der Physiker, es gewagt, eine biologische Fragestellung zu bearbeiten. Er entschuldigt sich am Anfang des Buches dafür. Dabei war sein Beitrag für die Entwicklung der modernen Biologie mit den Augen der Physik von großer Bedeutung, weil er einen Aspekt aufgezeigt hat, der an lebenden Systemen so besonders ist: Sie schaffen Ordnung!

Das Leben ist das, was dem Gleichgewicht und dem Zerfall Widerstand leistet. (Erwin Schrödinger)

Salopp gesagt: Das Leben ist ein Kampf gegen Unordnung.

Das Phänomen Leben war für PhysikerInnen lange ein besonders irritierendes Problem. Wenn man eine heiße Tasse Kaffee auf einen Tisch stellt und wartet, so wird sich der Kaffee abkühlen, bis er die Temperatur seiner Umgebung erreicht hat. Dann ist er im Gleichgewicht mit seiner Umgebung. Wenn ein Physiker das Phänomen Leben betrachtet, ist es genau umgekehrt: Es ist so, als würde die Tasse mit kaltem Kaffee auf dem Tisch stehen und immer wärmer werden. Lebende Dinge entziehen der Umgebung Energie. Die Wahrscheinlichkeit, dass das mit der kalten Tasse Kaffee passiert, geht gegen null.

Wieso ist Leben denn überhaupt möglich?

Die Physik hat ja auch recht. Diese Gesetze sind für geschlossene Systeme beschrieben worden. Leben ist aber nur in einem offenen System möglich, in das ständig Energie einfließt. So, als wäre die Tasse Kaffee in der Lage, die Energie aus ihrer Umgebung aufzusaugen. Denn das ist eine essenzielle Eigenschaft des Lebens: Lebewesen sind in der Lage, Energie aus ihrer Umgebung aufzunehmen, wobei sie sich vom energetischen Gleichgewicht entfernen. Lebewesen nehmen Energie aus ihrer Umgebung auf und schaffen Ordnung.

Der physikalische Begriff dazu ist *Entropie*.

Die Entropie ist eine grundlegende thermodynamische Zustandsgröße, die alle Prozesse, die innerhalb eines Systems spontan ablaufen, betrifft. Sie ist ein Maß für die Irreversibilität der Ereignisse. In anderen Worten: Überlässt man ein System sich selbst, ohne Energie zuzuführen, geht die Entropie gegen unendlich, die Ordnung geht verloren. Das Leben ist eben jener Prozess, in dem genau das nicht der Fall ist. Kein Wunder, dass die Physiker irritiert waren. Lebewesen schaffen Ordnung. Die Entropie nimmt ab!

Der Kunstgriff, mittels dessen sich ein Organismus stationär auf einer ziemlich hohen Ordnungsstufe (eine ziemlich tiefen Entropiestufe) hält, besteht in Wirklichkeit aus einem fortwährenden Aufsaugen von Energie aus seiner Umwelt. (Erwin Schrödinger)

Die erste wichtige Erkenntnis ist also: Lebewesen nehmen Energie aus ihrer Umgebung auf und wandeln diese in Ordnung um: Die Entropie wird dabei geringer und eben nicht größer.

Wie vermeidet ein lebender Organismus seinen Zerfall? Die naheliegende Antwort ist: durch Essen, Trinken, Atmen und (bei Pflanzen) Assimilieren. Der Fachbegriff lautet Stoffwechsel *(Metabolismus)*.

Der Stoffwechsel

Eine essenzielle Eigenschaft von Lebewesen ist der Stoffwechsel. Es ist die Fähigkeit, energiereiche Nahrung aufzunehmen und diese so umzuformen, dass Lebewesen wachsen, sich vermehren und Arbeit verrichten können.

Am Beispiel der *Photosynthese* wird offensichtlich, wie dieser Prozess funktioniert. Manche Lebewesen wie Pflanzen, Algen und Bakterien haben spezielle Moleküle (zum Beispiel *Chlorophyll)*, die in der Lage sind, die Sonnenenergie aufzunehmen. Sie können diese Energie in chemische Energie umwandeln, um Zucker herzustellen. Zucker ist eine hochkalorische Substanz und kann von anderen Lebewesen aufgenommen und abgebaut werden, um die darin enthaltene Energie wiederum für den eigenen Bedarf zu verwenden.

Der Zweck des Lebens ist es, aus Kohlendioxid (CO_2), Wasser und Sonnenenergie Zucker und molekularen Sauerstoff zu erzeugen. – So sehen es wahrscheinlich die ChemikerInnen …

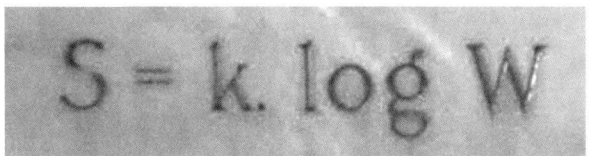

Abb. 1: Inschrift auf Ludwig Boltzmanns Grab auf dem Wiener Zentralfriedhof. Die Entropie S verhält sich wie der natürliche Logarithmus von W (Wahrscheinlichkeit eines bestimmten Makrozustands) mal der Boltzmann-Konstante k (1,38 x 10⁻²³ Joule/Grad Kelvin).

Ludwig Boltzmann

Ludwig Boltzmanns große Leistung war die Verknüpfung der Thermodynamik mit der statistischen Wahrscheinlichkeit. Seine wichtige Formel, die seinen Grabstein auf dem Wiener Zentralfriedhof ziert, zeigt den Zusammenhang zwischen der Entropie »S« und der Wahrscheinlichkeit, dass ein Zustand der Ordnung zustande kommt. Das war ein Meilenstein in der Geschichte der Naturwissenschaften, der ein Umdenken bewirkte, indem man erkannte, dass es sehr, sehr viele Möglichkeiten geben muss, wenn ein »Makrozustand«, also etwas Größeres und Geordnetes (wie zum Beispiel Leben) entstehen soll. Für die Entstehung des Lebens und die Evolution ist das ein Grundprinzip. Es gibt fast unendlich viele Möglichkeiten, wie sich Teilchen ordnen können, damit komplexere Systeme mit bestimmten Eigenschaften entstehen können, ohne dass es vorher eine Bauanleitung gibt.

James Clerk Maxwell und der Maxwell-Dämon

Im 19. Jahrhundert hat sich der schottische Physiker James Clerk Maxwell mit dem Dilemma »Leben versus *2. Hauptsatz der Thermodynamik*« beschäftigt. Wie ist es möglich, dass Leben entstehen kann, wenn die Gesetze der Physik besagen, dass die Entropie immer größer wird, Lebewesen jedoch ihre Entropie immer verkleinern? Zur anschaulichen Darstellung postulierte er einen Dämon, der sowohl das Wissen (Information) hat, welche Ordnung gemeint ist, als auch zusätzlich Arbeit leistet. Er hat das berühmte Gedankenexperiment des *Maxwell-Dämons* erdacht, der die Entropie im Griff hat.

Maxwells Gedankenexperiment besteht neben dem Dämon aus zwei Gefäßen, jedes mit einem anderen idealen Gas gefüllt. Ein ideales Gas besteht aus Teilchen, die keine Energie austauschen, wenn sie zusammenstoßen. Es gibt natürlich keine idealen Gase, aber die Physiker haben diese erfunden, um manche Dinge vereinfacht erklären zu können. Wir nennen die gasförmigen Teilchen in der einen Hälfte des Gefäßes Kugeln und die in der anderen Hälfte Würfel (siehe Abb. 2). Sobald die Gefäße miteinander kommunizieren können, beginnen sich die Gase zu durchmischen.

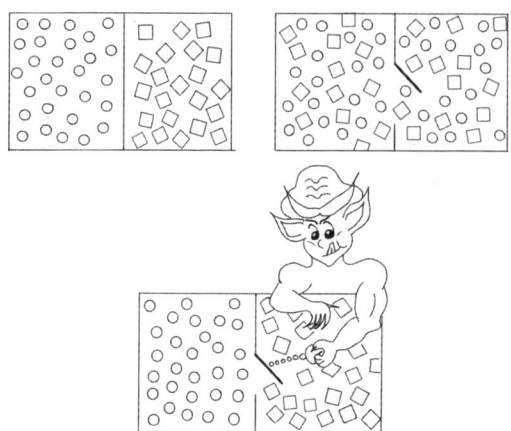

Abb. 2: Der Maxwell-Dämon hat die Information, in welches Gefäß die Objekte gehören, und kontrolliert deren Bewegung, damit Ordnung entsteht.

Es entsteht »Unordnung«: Die Entropie nimmt zu. Um die Entropie zu verringern und Ordnung herzustellen, also um alle Kugeln in die linke Hälfte und alle Würfel in die rechte Hälfte des Gefäßes zu bringen, braucht man zwei Dinge: Information (um zu wissen, in welche Hälfte die einzelnen Moleküle gehören) und Energie (um sie dorthin zu befördern oder um zu verhindern, dass sie auf die falsche Seite fliegen). Dafür gibt es den Dämon: Er bewacht das System und lässt nur die Teilchen in die andere Hälfte, wenn sie die richtige Form haben, sonst macht er die Klappe zu.

Die Erkenntnis aus Maxwells Gedankenexperiment ist essenziell für das Verständnis, was Leben für ein

Prozess ist: Leben schafft Ordnung (senkt seine Entropie) und braucht Information über diese zu schaffende Ordnung. Dazu ist Energiezufuhr notwendig.

Ilya Prigogine

Der belgisch-russische Chemiker Ilya Prigogine hat 1977 den Nobelpreis für Chemie bekommen, weil er jene Prozesse und physikalischen Bedingungen beschreiben konnte, die für die Entstehung des Lebens notwendig sind. Er beschrieb Systeme, die fern vom thermodynamischen Gleichgewicht sind und bei denen Energie so durchfließt, dass genau jene Bedingungen herrschen, bei denen komplexe und stabile Strukturen, wie sie in Lebewesen ablaufen, entstehen können. Er hat dargestellt, wie Selbstorganisation und *dissipative Strukturen* fern vom Gleichgewicht und unter ständigem Energiefluss entstehen und eine gewisse Stabilität aufweisen. Also wie zunehmende Entropie möglich ist. Ganz entscheidend ist die Erkenntnis, die dabei entsteht: dass viele Ereignisse irreversibel sind. Die Irreversibilität ist uns ja von Filmen, die rückwärts ablaufen, bekannt. Ein gebrochenes Ei, das sich spontan wieder zusammenfügt, oder ausgeschüttetes Wasser, das von selbst zurück in den Krug fließt. Bei diesen Beobachtungen ist auch der Zeitvektor ersichtlich.

Die Entstehung des Lebens
als Computersimulation

Was kann man im 21. Jahrhundert machen, um das Leben und dessen Mechanismen zu untersuchen? Richtig! Man lässt den Computer die Prozesse des Lebens simulieren! Man entwickelt Algorithmen, um die Regeln zu testen, und kann prüfen, ob die Annahmen stimmen, die wir uns zur Entstehung des Lebens und der Evolution ausgedacht haben. Genau das macht Jeremy England, ein junger Zellbiologie und Computerwissenschaftler.

Jeremy England

Der junge Physiker und Zellbiologe hat eine Hypothese aufgestellt: Er baut Algorithmen mit den Gesetzen der Physik und der Biochemie für den Ursprung des Lebens. Er nennt die Hypothese »Dissipationsgetriebene Adaptation«. Einfach gesagt bedeutet dies, dass manche Atome und Moleküle besonders gut darin sind, sich selbst zu organisieren, um effizienter Energie aus der Umgebung aufzunehmen und sie umzuwandeln. Dabei bilden sie komplexere Strukturen. Dies bedeutet, dass manche Gruppen von Atomen und Molekülen unter bestimmten Bedingungen Eigenschaften entwickeln, die lebenden Systemen zugeschrieben werden. Wichtig ist die Erkenntnis, dass sie sich selbst organisieren.

Laut Jeremy England ist die Entstehung des Lebens so selbstverständlich wie die Tatsache, dass Felsen den Berg hinunterrollen. »Eine der Eigenschaften, welche Dinge haben, die wir lebend nennen, ist, dass sie besonders gut geeignet sind, Energie aus der Umgebung aufzunehmen und die als Wärme auszuscheiden. Das ist etwas, das lebende Dinge tun. Und sie tun dies besser als nicht-lebende Dinge. Zum Beispiel sind Pflanzen gut in der Adsorption von Sonnenlicht. Affen sind besonders gut beim Finden von Bananen und darin, diese zu essen.«

Aminosäuren werden Ihnen kein Sonett schreiben. Aber wenn Sie ein paar Hundert davon nach dem Zufallsprinzip auf eine Kette binden, werden diese sich zu Maschinen entwickeln, die so aussehen können, als wären sie für einen bestimmten Zweck gemacht worden. (Jeremy England)

Verhaltensbiologie und Philosophie

Humberto Maturana und *Francisco Varela* haben in den achtziger Jahren ein Buch veröffentlicht (»Der Baum der Erkenntnis«), das eine revolutionäre Theorie darstellt. Sie haben den Begriff *Autopoiesis* verwendet, um die selbst generierende Kapazität lebender Systeme zu beschreiben.

Man muss davon ausgehen, dass es eine objektive

Welt gibt, die unabhängig von unserem Denken existiert. Wir können diese Welt durch unsere Sinne (mehr oder weniger) wahrnehmen und mit ihr wechselwirken. Das Revolutionäre an Maturanas und Varelas Werk ist ihre Erkenntnis, dass autopoietische Systeme (wie die Zelle) keineswegs von der objektiven Welt abhängig sind, sondern sich unabhängig und selbständig hervorbringen. Das bedeutet, dass Lebewesen sich selbst generieren und selbständig replizieren. Die Autoren haben dieses zutiefst philosophische Thema naturwissenschaftlich behandelt, und diese Erkenntnis ist in meinen Augen eine der wichtigsten überhaupt, denn sie stellt fest, dass wir selbst verantwortlich sind für das, was aus uns wird. Es ist die *Gretchenfrage*, die grundlegende Frage nach der Existenz eines Gottes oder Dämons: Das Leben wird nicht von außen diktiert (Schöpfung), sondern generiert sich selbst.

Unser Vorschlag ist, dass Lebewesen sich dadurch charakterisieren, dass sie sich – buchstäblich – andauernd selbst erzeugen. Darauf beziehen wir uns, wenn wir diese sich selbst definierende Organisation autopoietische Organisation *nennen.* (Humberto Maturana und Francisco Varela)

Die biologische Zelle ist die kleinste autopoietische Einheit des Lebens.

Das Leben ist ein sich selbst organisierendes System.

Wie entstehen komplexe Systeme aus einfachen Elementen? Wie entsteht Ordnung aus Chaos? Können komplexe Systeme wie das Leben und das Universum aus einfachen Ereignissen entstehen, ohne einen Plan und ohne einen Kontrolleur, der sie steuert? Was treibt die Entstehung von Ordnung und Komplexität?

Leichter zu verstehen ist dieses Phänomen beim Betrachten eines Vogelschwarms. Es fliegen Tausende Vögel in einer dichten Gruppe, erzeugen dabei wunderschöne Muster, stoßen weder aneinander noch stören sie einander. Und das Erstaunliche ist, dass sie keinen Choreografen brauchen. Auch ein Fischschwarm bewegt sich sehr dynamisch, ohne dass die Fische aneinanderstoßen oder von einem Dirigenten gelenkt werden. Wie kann das sein? Mit dieser Frage befinden wir uns direkt beim Kern dieser Prozesse: Wie entstehen komplexe Muster aus einfachen Ereignissen?

Um die Welt verstehen zu können, müssen wir die kleinen, einfachen Dinge entdecken, die so beschaffen sind, dass sie Bausteine für komplexere Strukturen sein können. Das gilt für die Entstehung des Universums, den Ursprung des Lebens und für die Menschheit als soziale Struktur. Diese kleinen Dinge, nach denen wir suchen, sollen einfach, reaktionsfreudig und logisch sein: einfach genug, dass sie zufällig entstehen können, reaktionsfreudig genug, dass sie mit ihrer Umwelt gut wechselwirken, und logisch in der Hinsicht, dass sie komplexe Strukturen aufbauen können.

Komplexe Lebewesen entwickeln sich aus einfachen Strukturen, ohne dass vorgegeben ist, wohin die Entwicklung gehen soll. Ohne dass ein Ziel vorgegeben ist.

Stochastische Prozesse sind nicht zielgerichtet! Wir verstehen die Welt als Ergebnis unendlich vieler Möglichkeiten für stochastische Ereignisse. Der überwiegende Teil stochastischer Ereignisse hat keine Konsequenz und läuft ins Leere. Manche aber haben sehr wohl Folgen und führen zu einer oft irreversiblen Veränderung und einer Weiterentwicklung neuer stabiler Strukturen. Der Mensch lernt genauso wie die Natur: durch Versuch und Irrtum. Um etwas Neues zu entwickeln und zu erforschen, probieren wir es aus, ohne die Folgen zu kennen. Anders geht es nicht.

Die Evolution hat kein Ziel!

(M)eine Definition des Lebens

Das Leben ist ein Prozess, der von einer starken Energiequelle getrieben wird. Einige Atome und Moleküle sind besonders gut geeignet, diese Energie umzusetzen. Sie erhöhen ihre eigene Komplexität, um Strukturen aufzubauen, die in der Lage sind, sich selbst zu vermehren. Sie können diese komplexe Organisation auch aufrechterhalten, indem sie Information generieren und vererben können.

Der nächste Schritt ist nun, herauszufinden, welche kleinen Dinge (Atome und Moleküle) diese Eigenschaften vorweisen: die Fähigkeit, aus ihrer Umwelt Energie aufzunehmen, um komplexere Strukturen aufzubauen. Diese komplexen und geordneten Strukturen müssen Information zur Aufrechterhaltung und Vermehrung des Lebens selbständig generieren können. Denn das Leben ist ein sich selbst generierendes System.

Der Ursprung des Lebens

Wir haben nun erkannt, dass Leben selbstverständlich entsteht, wenn die Rahmenbedingungen dafür passen. Wann haben also welche Bedingungen auf der Erde geherrscht, damit jene Prozesse ablaufen konnten, die dazu geführt haben, dass Zellen entstanden sind, dass wir Menschen uns entwickelt haben und sogar in die Lage kamen, darüber nachzudenken, warum wir entstanden sind?

Man stelle sich vor! Wir Menschen haben ein so gut entwickeltes Gehirn, eine so komplexe Struktur, dass wir darüber forschen können, wie und wann das Leben entstanden ist und vor allem darüber, wer wir sind und wie es mit uns in Zukunft weitergehen könnte.

»Alles« begann vor circa 13,8 Milliarden Jahren, mit einem Ereignis, das wir Urknall nennen. Es entstanden Raum, Materie und Zeit. Das war die Geburtsstunde der Physik. Es dauerte dann circa 300.000 bis 400.000 Jahre, bis sich die ersten stabilen Atome gebildet haben. Die Geburtsstunde der Chemie. Bis unser Sonnensystem entstanden ist, dauerte es noch weitere 9 Milliarden Jahre. Unsere Erde entstand vor 4,5 Milliarden Jahren. Am Anfang herrschten aber keine Bedingungen, die das Leben hätten fördern können. Da war es viel zu heiß für jene chemischen Reaktionen, die notwendig sind, damit organische Moleküle als Vorstufen der Biomoleküle hätten entstehen können.

Die Erde hat circa 300 Millionen Jahre gebraucht, um sich abzukühlen. Es regnete so lange, bis sich die Meere gefüllt hatten und flüssiges Wasser entstanden ist. Das waren die sogenannten »präbiotischen« Bedingungen, unter denen sich die ersten einfachen anorganischen Moleküle zu komplexeren Molekülen verbinden konnten. Das war das Zeitalter der Ursuppen (mehr dazu im nächsten Kapitel).

Die ersten Lebewesen, die so waren, wie wir sie heute kennen, sind vor etwa 3,8 bis 3,5 Milliarden Jahren entstanden. Seitdem herrschen Bedingungen auf unserem Planeten, die die Evolution dieser Lebewesen möglich machen. Es muss zu dieser Zeit diese ganz besondere Urzelle entstanden sein, die sehr erfolgreich war und aus der sich höchstwahrscheinlich alle heute auf unserem Planeten lebenden Wesen entwickelt haben. Es ist ein faszinierender Gedanke: Von dieser einen Urzelle stammen mit ziemlicher Sicherheit alle Lebewesen ab! Das können wir annehmen, weil der genetische Code ein eingefrorenes Zufallsprodukt und bei allen bekannten Lebewesen identisch ist. Hätte der genetische Code zweimal in der Evolution erfunden werden müssen, wäre er sicher anders. Die Wahrscheinlichkeit, dass ein so komplexer Code zweimal identisch entsteht, geht gegen null!

Der Großteil dieser Lebewesen, der in den letzten 3,5 Milliarden Jahren entstanden ist, ist bereits wieder ausgestorben.

In ungefähr 500 Millionen Jahren wird es auf der Erde wieder so heiß sein, dass kein Leben, wie wir es heute haben, unterstützt werden wird. Eine sehr ernüchternde Tatsache. Die Erdoberfläche wird steril sein. Kein Leben mehr auf der Erde. Das heißt, dass von den vier Milliarden Jahren, in denen lebensunterstützende Bedingungen auf der Erde geherrscht haben werden, schon 3,5 vorbei sind. Sieben Achtel davon sind schon hinter uns. Das mag jetzt nach Endzeit-Szenario klingen – wenn wir aber bedenken, dass es erst circa 100.000 (hunderttausend, nicht Millionen!) Jahre her ist, dass wir Menschen entstanden sind, dann hätten wir ja, aus Sapiens-Perspektive, das meiste noch vor uns.

Passende Rahmenbedingungen für die präbiotischen Reaktionen, die es möglich machten, dass die Grundbausteine der Lebewesen entstehen, gab es nicht nur auf der Erde. Auf etlichen Meteoriten finden wir viele dieser organischen Moleküle. Daher müssen wir uns die Frage stellen, ob das Leben auf der Erde entstanden ist oder aus dem All auf die Erde importiert wurde. Diese Frage ist nicht leicht zu beantworten. Allerdings ist sie meiner Meinung nach auch nicht relevant, denn die Prozesse bleiben im Wesentlichen die gleichen. Nur der Ort des Geschehens würde sich verändern. Auf jeden Fall wissen wir relativ genau, wann das Leben auf der Erde angefangen hat, den Planeten zu verändern.

Bevor das Leben entstanden ist, hatte die Erde eine reduzierende Atmosphäre, denn es gab keinen molekularen Sauerstoff (O_2). Es waren die Lebewesen (Bakterien, Algen und Pflanzen), die in der Lage waren, die Sonnenenergie aufzunehmen, um aus Wasser und CO_2 hochenergetische Kohlenwasserstoffverbindungen wie Glucose herzustellen. Bei dieser Reaktion wird molekularer Sauerstoff (O_2) freigesetzt – die Quelle des Sauerstoffs unserer Luft. Das ist ein wunderbares Beispiel dafür, wie einfache Verbindungen und Energie zu komplexeren und immer komplexeren Molekülen aufgebaut werden. Diese Tatsache, dass Sauerstoff in die Atmosphäre kam, hatte viele Folgen. Es entstanden oxidierte Metalle (z. B. Eisenerze) auf der Erdoberfläche. Da Sauerstoff sehr reaktiv ist, zerstört er viele andere Moleküle durch Oxidation – ein gutes Beispiel dafür, wie Dinge begrenzt sind. Würden heute diese Reaktionen stattfinden, die damals zur Zeit der Ursuppen abliefen, würden sie nicht mehr zu stabilen Molekülen führen, weil der Sauerstoff sie sofort wieder zerstören würde.

Ich habe mich oft gewundert, warum wir nur eine Lebensform auf der Erde kennen. Da alle Lebewesen, die wir derzeit kennen, auf der gleichen Basis aufgebaut sind und den gleichen genetischen Code verwenden, müssen wir annehmen, dass alle vom gleichen Urereignis abstammen. Entweder ist das Leben nur einmal entstanden oder alle anderen Versuche waren nicht erfolgreich und sind wieder verschwunden. Ich persönlich würde gerne nach anderen Formen von Leben auf der

Erde suchen. Es ist aber nicht einfach, weil wir nicht wissen, wonach wir suchen sollen. Ich nehme daher an, dass, falls wir eine andere Lebensform entdecken, das zufällig sein wird. Wir sollten daher sehr aufmerksam sein, wenn wir eigenartige und völlig unbekannte Phänomene beobachten. Nicht nur im All sollten wir nach anderen Lebensformen suchen. Sollten wir eines Tages tatsächlich andere Lebewesen entdecken, wird es sehr spannend sein zu sehen, wie sie funktionieren.

Die Frage ist vollkommen offen, ob auf der Erde mehr als einmal Leben entstanden ist und warum wir nur diese eine Form kennen. Es gibt Diskussionen darüber, ob vor 3,8 Milliarden Jahren, als unser Planet von Meteoriten bombardiert wurde und die Oberfläche durch die Hitze sterilisiert wurde, bereits einfache Lebensformen existiert haben, die dann zerstört wurden. Oder ob wir einfach noch blind für andere Lebensformen sind.

Ursuppen

Es war der Russe *Alexander Oparin,* der die geniale Idee gebar, dass einfache Organismen aus einfachen biologischen Molekülen und diese wiederum aus einfachen anorganischen Molekülen entstanden sein könnten. Diese Idee war deswegen genial, weil man sie testen konnte: das Konzept der *Ursuppe.* Man konnte Experimente entwickeln, um nachzuweisen, ob es chemisch möglich ist, dass Bausteine des Lebens aus einfachen anorganischen Molekülen, die in einer frühen präbiotischen Atmosphäre vorhanden waren, entstehen können. *Charles Darwin* sprach bereits von einem warmen kleinen Teich, und 1953 publizierte dann *Stanley Miller* seine ersten Ursuppenexperimente, die eindeutig zeigten, dass *Aminosäuren* (die Bausteine für Eiweiß), Zucker und Basen und viele andere kleine Moleküle sich relativ schnell in wässrigen Gemischen aus einfachen anorganischen Verbindungen wie Ammoniak, Methan, Wasserstoff und Wasser bilden können.

Stanley Miller hat im Rahmen seiner Doktorarbeit jene Bedingungen in einem Experiment simuliert, von denen man annahm, dass sie vor 3,5 Milliarden Jahren geherrscht haben. Die Uratmosphäre bestand hauptsächlich aus den Gasen Methan, Ammoniak, Wasserstoff, Kohlendioxid, Stickstoff und Wasser. Es war eine reduzierende Atmosphäre, weil der molekulare Sauerstoff (O_2) fehlte. Dann simulierte er in seinem Destillierkol-

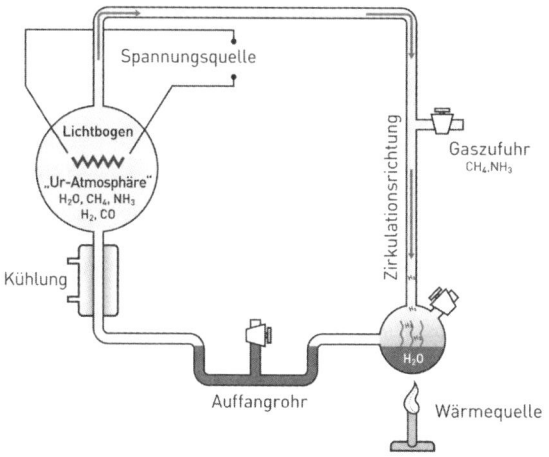

*Abb. 3: Stanley Millers Ursuppenexperiment, das zeigte,
dass unter uratmosphärischen Bedingungen aus kleinen
anorganischen Verbindungen präbiotische organische
Verbindungen entstehen können.*

ben Tag und Nacht (UV-Licht, Blitze als elektrische Entladungen), Sommer und Winter (warm und kalt) und ließ das Ganze eine Zeit lang laufen, entnahm von Zeit zu Zeit Proben und untersuchte, ob und welche Verbindungen entstanden sind. Zu seiner Überraschung fand er viele kleine Moleküle, die wir als organisch bezeichnen, weil sie zu den *Metaboliten* von Lebewesen gehören.

Es waren Verbindungen, die dafür bekannt sind, dass sie sich zu Zucker, Aminosäuren und Kernbasen weiterentwickeln können. Diese Experimente waren ein Meilenstein in der Denkweise zur Entstehung des Lebens und ermutigten viele WissenschafterInnen, weiterzuexperimentieren, bis alle notwendigen Bausteine des Lebens gefunden werden würden. Wir sind aber noch sehr weit davon entfernt, bis wir alle Moleküle, die als notwendig erachtet werden, unter präbiotischen Bedingungen nachweisen werden können.

In den letzten Jahren sind noch wesentlich mehr Ursuppenexperimente durchgeführt worden, die auch unterschiedliche atmosphärische Zusammensetzungen annahmen. Die Vielfalt an präbiotischen Molekülen, die dabei spontan entstehen, ist ein klarer Beweis dafür, dass Oparins Theorie richtig ist. Sie wird auch von der Tatsache unterstützt, dass man in Meteoriten Hunderte solcher kleinen Moleküle finden kann. Das ist ein wichtiger Befund, denn er zeigt, dass solch spontane Prozesse nicht auf Laborexperimente beschränkt sind, sondern auch tatsächlich in der Natur vorkommen. Es sind Reaktionen, die immer wieder stattfinden, keine singulären Ereignisse.

Es können also aus einfachen Elementen komplexere Verbindungen entstehen. Aus Elementarteilchen entstehen Atome, aus einfachsten Molekülen entstehen komplexere Moleküle, die heute noch als Metaboliten in unserem Stoffwechsel zu finden sind. Das Leben ist nur deswegen entstanden, weil diese kleinen Moleküle ständig einer Energiequelle ausgesetzt waren und sich irgendwie umwandeln mussten, um nicht selbst zerstört zu werden. Das ist heute immer noch so, denn unsere Gene machen nichts anderes, als die Umwandlungen dieser kleinen Moleküle effizient zu beschleunigen und zu steuern. Diese Metaboliten haben sich dann weiter zu hochmolekularen Molekülen entwickelt, die immer komplexere Reaktionen steuern konnten und, was besonders wichtig ist: Sie haben Information generiert, die sich (fast) exakt vervielfältigen konnte.

Die Ursuppenexperimente und die Analysen von Meteoriten zeigen, dass die Bausteine unserer Zellen spontan entstehen können, wenn die Rahmenbedingungen passen. Aber das allein ist noch kein Leben. Wie entstehen noch komplexere Verbindungen, die so komplex sind, dass irgendwann doch Information notwendig ist, damit sie immer wieder von Neuem entstehen können? Alle Lebewesen und auch die Metaboliten werden ja immer auf- und abgebaut. Wenn Moleküle entstehen, die so komplex sind, dass die Wahrscheinlichkeit zu gering wird, dass sie sich spontan vermehren, brauchen wir Information dazu, damit sie effizient repliziert werden können.

Jetzt kommt der wirklich wichtige und spannende Schritt in der Entstehung des Lebens. Welche Moleküle waren es, die Information generierten, damit sie immer wieder vervielfältigt werden konnten? Und wie sind sie entstanden? Und vor allem: Wie konnten sie ihre eigene Synthese und Vermehrung sicherstellen? Vieles deutet darauf hin, dass dieses einzigartige Molekül die *Ribonukleinsäure*, die *RNA* war.

Was ist RNA?

RNA ist die aktive Form der genetischen Information! Es ist jene Form der vererbbaren Information, die sich am Anfang des Prozesses Leben (selbst) generiert hat.

Bekannter ist mit Sicherheit die *DNA* (die *Desoxyribonukleinsäure*), die die Speicherform der genetischen Information ist. Aber DNA ist eben nur eine passive Speicherform. Wenn unsere Zellen die Information der DNA brauchen, dann muss sie zuerst in RNA umgeschrieben werden. Diesen Prozess nennt man *Transkription.*

RNA steht für Ribonukleinsäure: »Ribo-« steht für Ribose, das ist ein Zucker; »-nuklein-«, weil die RNA im Zellkern hergestellt wird, und »-säure«, weil jede Bausteineinheit ein Phosphorsäure-Molekül enthält.

Die RNA besteht aus einem einheitlichen Rückgrat aus Phosphat (Kreis), das an zwei Ribosen (Fünfecken) gebunden ist. An jeder Ribose ist eine der vier verschiedenen *Basen* gebunden. Diese sind fast identisch mit den Basen der DNA.

Die Basen heißen *Adenin* (A), *Cytosin* (C), *Guanin* (G) und *Uracil* (U). Die Reihenfolge der Basen auf der RNA-Kette ist die Art, wie die Information gespeichert ist.

Wie bei der DNA können jeweils zwei Basen miteinander durch *Wasserstoffbrücken* paaren: A mit U, und C mit G. Da die RNA meistens einzelsträngig ist,

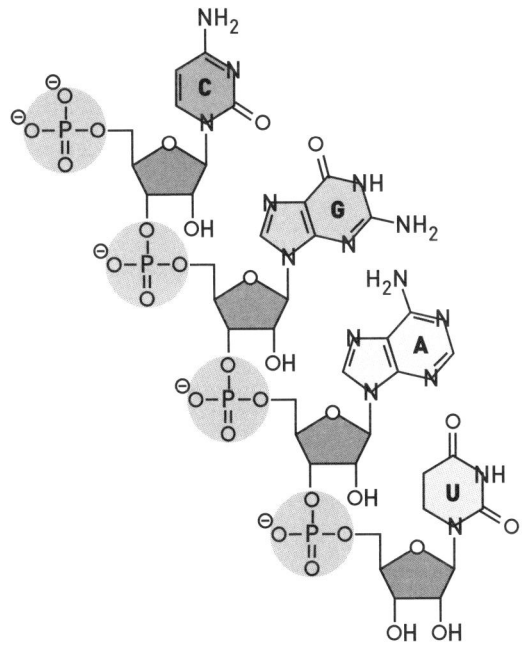

Abb. 4: Aufbau der RNA

passiert bei der Basenpaarung etwas sehr Besonderes:
Die RNA paart mit sich selbst und dadurch entstehen
zwei- und dreidimensionale Strukturen, die essenziell
für die Funktion der RNA sind.

Das Essenzielle und ganz Besondere an der RNA
ist, dass sie Information besitzt (die Reihenfolge der
Basen auf der langen Kette) und sich gleichzeitig auf
komplexe Weise falten kann, sodass wichtige Aktivitäten entstehen. Dann nämlich, wenn sich die RNA

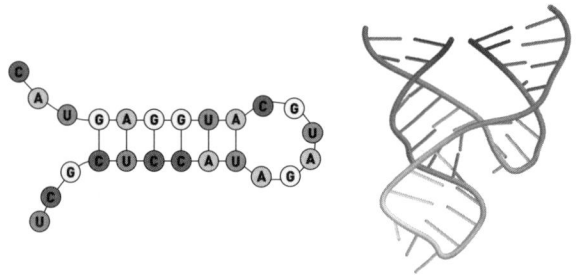

Abb. 5: RNA kann mit sich selbst paaren und erzeugt dadurch stabile Strukturen. Links ist eine zweidimensionale Haarnadelstruktur abgebildet und rechts die dreidimensionale Struktur eines Ribozyms, das andere RNAs schneiden kann.

zu bestimmten Strukturen faltet, die andere Moleküle spezifisch binden können, um chemische Reaktionen zu steuern.

Wegen ihrer Fähigkeit, sich zu ganz exakten Strukturen zu falten, ist die RNA in der Lage, eine enorme Vielzahl an verschiedenen Molekülen zu bilden – mit ebenso vielseitigen Funktionen.

RNA ist Information und Funktion in ein und demselben Molekül!

Henne, Ei und die RNA-Welt-Theorie

Manchmal kommen Antworten zu schwierigen Fragen ganz unerwartet und aus einer völlig anderen Ecke. So geschehen Anfang der 1980er Jahre, als die Fähigkeit der RNA zur *Katalyse* entdeckt wurde. Aber alles der Reihe nach!

Viele Jahre, ja jahrzehntelang stritten sich WissenschafterInnen darüber, was am Beginn des Lebens zuerst entstand: Information oder Funktion. Lebewesen brauchen einerseits funktionelle Moleküle wie Proteine, um chemische Prozesse zu beschleunigen und zu kontrollieren, und andererseits die Information, um diese Proteine herzustellen. Präziser: Man braucht die Information auf der DNA, um Proteine herzustellen, und man braucht Proteine, um die DNA herzustellen. Ein klassisches »Henne oder Ei«-Problem! Was kam zuerst? Proteine oder DNA?

In den Ursuppenexperimenten fand man Aminosäuren, die Bausteine der Proteine. Und man kennt auch heute noch etliche kleine *Peptide* mit erstaunlichen Wirkungen, die nicht nach dem klassischen Dogma (DNA zu RNA zu Protein) hergestellt werden, zum Beispiel *Antibiotika* wie Penicillin und Vankomycin, oder der Immunsupressor Cyclosporin A. Man nennt diese Stoffe »nicht-ribosomale« Peptide, weil sie nicht am *Ribosom* hergestellt werden. Diese könnten ein Hinweis sein, dass es in den Ursuppen bereits kurze Peptide mit erstaunlichen Eigenschaften gab. Die Frage war lange, welche Moleküle zuerst da waren, um das Leben in Gang setzen zu können. Es gab eben zwei naheliegende Möglichkeiten: die Proteine zuerst und die DNA zuerst oder die Vorstellung, dass beide Komponenten parallel und im gegenseitigen Kontakt entstanden sind.

Wie so oft war dann die richtige Antwort »weder noch«. Nach dem Motto »Wenn zwei sich streiten, freut sich der Dritte« kann man in diesem Fall sagen: Ganz unerwartet meldete sich das dritte Molekül, die RNA, die Ribonukleinsäure. Sie kann beides: Sie enthält genetische Information, die sie leicht vermehren kann, und sie kann chemische Reaktionen katalysieren, wie es heute Proteine tun. Sie ist also Henne und Ei zugleich. Ein *Henn-Ei* sozusagen.

Die Entdeckung von Ribozymen

Anfang 1982 publizierten zwei unabhängige Gruppen, dass RNA-Moleküle so wie Proteine in der Lage sind, chemische Reaktionen zu katalysieren. Die Gruppe um *Thomas Cech* fand, dass eine prä-ribosomale RNA aus dem Ciliaten Tetrahymena thermophila sich selbst prozessierte. Sie war in der Lage, ohne die Hilfe von Proteinen aus ihrer Vorstufe zu reifen. Die zweite katalytische RNA wurde im Labor von *Sidney Altman* aus dem Bakterium Escherichia coli entdeckt, eines unserer Darmbakterien. Diese RNase P, wie sie genannt wurde, ist an der Reifung von tRNAs beteiligt (siehe das Kapitel »Was RNA alles kann«). Beide Wissenschafter bekamen für diese Entdeckungen im Jahr 1989 den Nobelpreis. Die Aufregung war groß! Denn das eröffnete eine ganz neue Denkschiene. Auf einmal wurde die Erstellung eines Szenarios zur Entstehung des Lebens viel einfacher und logischer. Man musste sich nicht mehr zwischen Henne und Ei entscheiden, weil es ein Molekül gab, das Henne und Ei zugleich war.

Den Gedanken, dass RNA das erste biologische Molekül vor der DNA und den Proteinen war, hatte bereits *Carl Woese* im Jahre 1967 in seinem Buch »The Genetic Code« formuliert. Auch *Leslie Orgel* erkannte bereits 1968, dass RNA eine wichtige Rolle in der frühen Evolution gespielt haben muss. Aber den Begriff »RNA-Welt« erfand *Walter Gilbert* im Jahre 1986, und sein vorgestelltes Szenario wurde allgemein akzeptiert. Das Tolle an der Theorie war, dass man sich viele Experimente ausdenken konnte, um zu zeigen, dass es chemisch möglich ist, dass es tatsächlich so gewesen sein könnte: Die RNA könnte diese Schlüsselrolle bei der Entstehung des Lebens eingenommen haben, weil sie Funktion und Information koppeln konnte.

Die RNA-Welt-Hypothese besagt, dass es vor der heutigen DNA-Protein-Lebensform ein Zeitalter gab, in dem die RNA die Hauptkomponente der Zellen war und sowohl die Informationsspeicherung als auch die Steuerung der chemischen Reaktionen innehatte.

Die Entstehung der ersten Polymere
mit Information

Und wie sind nun die RNA-Moleküle entstanden?

Die RNA ist ein *Polymer*. Das heißt, dass sie aus einzelnen Bausteinen besteht, die, wie in einer langen Kette, aneinandergebunden sind. Die Bindungen, die die einzelnen Bausteine zusammenhalten, sind energiereich und nicht so einfach herzustellen. Daher ist es notwendig, sich zu überlegen, wie diese Polymere ohne Vorlage entstehen konnten. Die Reihenfolge der einzelnen Bausteine war wahrscheinlich anfänglich zufällig, denn es gab ja noch keine Information, welche Reihenfolge der Basen (auch *Sequenz* genannt) welche Funktionen haben könnte. Also stellen wir uns vor, dass sich anfänglich einfach zufällig Bausteine aneinandergefügt haben, bis etwas längere Ketten entstanden sind, die einerseits als Vorlage für weitere Ketten dienen konnten und andererseits in der Lage waren, die Bildung weiterer Ketten zu beschleunigen.

Diese Reaktionen gehen nicht leicht in wässriger Lösung vonstatten, deswegen wurden etliche verschiedene Rahmenbedingungen ausprobiert, unter denen diese Reaktionen doch ablaufen konnten, etwa auf Lehmoberflächen oder auf Mineralien. Zum einen könnten sie als Vorlage gedient haben, außerdem war dort die Salzkonzentration, die für die RNA-Reaktionen notwendig sind, vorhanden. Bei vielen Versuchen ist es

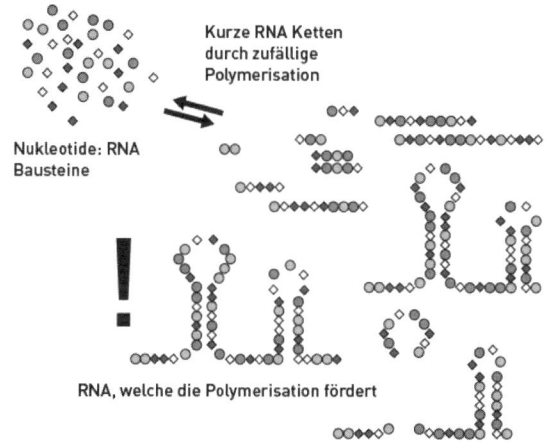

Abb. 6: Entstehung der ersten replizierbaren RNA-Moleküle (nach einer Vorlage von Jürgen Brosius).

gelungen, 30–50 Nukleotid-lange RNAs auf *Montmorillonite* zu synthetisieren, einem Gemisch aus den Mineralien Natrium, Aluminium und Silikat.

Sobald es in dieser Ursuppe ein erstes RNA-Molekül gab, das sich besser replizierte als andere, etwas stabiler war oder sogar die Replikation anderer RNAs förderte, kam der nächste wichtige Schritt. Diese wertvollen Moleküle mussten sich abgrenzen, damit ihre Konzentration hoch blieb und sie nicht davonschwammen. Die allgemeine Meinung ist, dass diese ersten Hüllen Lipidmembranen waren. Diese könnten eine erste Art einer Protozelle gebildet haben. *Jack Szostak* von der Harvard Medical School führt bahnbrechende

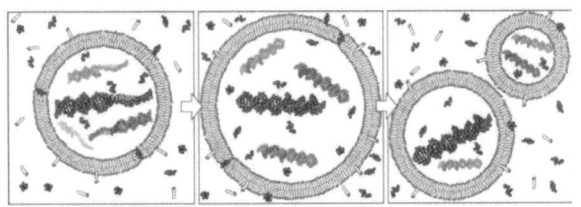

Abb. 7: Modell einer sich teilenden einfachen Protozelle mit doppelsträngigen RNAs in einem Lipidvesikel.

Experimente zur Herstellung einer synthetischen Zelle aus RNA durch, indem er die chemischen Bedingungen für stabile und effiziente Reaktionen untersucht.

Was dieses Modell besonders attraktiv macht, ist, dass diese Lipidmembranen sich eigenständig zu Vesikeln formen und wasserlösliche Stoffe umhüllen. Außerdem teilen und vereinen sich diese Vesikel wieder spontan. Ähnlich den Fettaugen auf der Rindsuppe.

Die Frage ist nun, ob diese sich teilende Protozelle bereits als lebendig betrachtet werden könnte. Solange die Rahmenbedingungen passen und sie sich fortwährend vermehrt und verändert, würde ich diese Frage eindeutig mit Ja beantworten. Es ist der Beginn des Prozesses, den wir als Leben definiert haben.

Dieses theoretische und experimentelle Szenario zur Entstehung des Lebens mittels einer RNA-basierten Zwischenstufe beantwortet viele Fragen, lässt aber ebenso viele Fragen nach wie vor offen. Um sich weiter in die Materie zu vertiefen, empfehle ich die Videos von Jack Szostak auf YouTube.

Argumente für eine
RNA-Welt-Hypothese

Das Gute an dieser Hypothese ist, dass man sehr viele Hinweise sammeln konnte, die sie unterstützen. Und noch spannender: Es wurde eine Technologie mit dem Namen *»SELEX«* entwickelt, mit der man RNAs mit allen möglichen Eigenschaften, die für eine solche RNA-Welt notwendig waren, in vitro im Labor evolvieren konnte.

Wenn eine solch zentrale Hypothese aufgestellt wird, dann müssen auch viele Tatsachen gesammelt werden, die diese unterstützen.

Ganz zentral und so gut wie bewiesen ist, dass die DNA nach der RNA kam. Die Entdeckung der *Reversen Transkriptase* im Jahre 1970 durch David Baltimore und Howard Temin war ein Meilenstein: Sie entdeckten *Enzyme*, die RNA-Moleküle als Vorlage nutzen, um die dazugehörige DNA herzustellen. Also die Umkehrung dessen, was sich heute in unseren Zellen abspielt. Diese Enzyme kommen in Viren vor, sogenannte Retroviren, die aus RNA bestehen. Wenn diese Viren Zellen befallen, dann wird aus ihrer RNA eine DNA hergestellt, die in den Zellkern wandert und sich dort in das Genom der Wirtszellen einbaut. Das bekannteste Retrovirus ist HIV (Humanes Immundefizienz Virus), das Aids auslöst. Es gab ja schon einmal in unserer Lebenszeit eine Pandemie, die durch ein RNA-Virus hervorgerufen wurde. Genauso wie Anfang des zwanzigsten Jahrhunderts die Spanische Grippe. Grippeviren sind auch RNA-Viren.

Die Enden unserer Chromosomen, die Telomere, werden heute noch mittels einer Reversen Transkriptase, der Telomerase, hergestellt. Das ist ein sehr starkes Argument dafür, dass die RNA einmal als Vorlage für die DNA-Herstellung gedient hat.

Ganz überzeugend, dass die RNA und ihre Reverse Transkription von Bedeutung sind, zeigt die Tatsache, dass große Teile unseres Genoms aus eben diesen »Retroelementen« bestehen. Das sind genetisch mobile Elemente, die eindeutig aus funktionellen RNAs stammen, die in DNA übersetzt und dann in unser Genom integriert wurden. Diese Elemente formen also unser Genom.

Dies ist natürlich auch ein starkes Argument für die RNA-Welt-Hypothese: die Existenz von Viren, die ihre genetische Information heute noch auf RNA-Ebene speichern.

Ein weiteres Argument dafür, dass die RNA vor der DNA existiert hat, ist die Tatsache, dass heute noch in unseren Zellen RNA-Bausteine vor den DNA-Bausteinen hergestellt werden. Aus der Ribose wird die

Desoxyribose hergestellt und aus Uracil wird *Thymin* hergestellt.

Noch ein sehr starkes Argument dafür, dass auch die Proteinenzyme erst nach den Ribozymen kamen, ist, dass viele Enzyme heute noch in ihren katalytischen Zentren *Coenzyme* benötigen, die aus RNA-Bausteinen bestehen. Besser bekannt sind diese als Vitamine: Ja! Unsere Vitamine sind Fossilien aus der RNA-Welt. Zum Beispiel das Vitamin B3, die Nicotinsäure, ist notwendig für die Synthese des wichtigen Coenzyms NAD.

SELEX: In-vitro-Evolution von RNA-Molekülen

Für die Evolution von Molekülen müssen diese sich vermehren (Amplifikation). Dabei entstehen Variationen (Mutation), wobei die gut funktionierenden selektiert werden und die nicht funktionierenden verschwinden (Selektion). Amplifikation, Mutation und Selektion sind die drei wichtigsten Säulen der Evolution. Diese Prozesse können leicht im Labor durchgeführt werden, um RNA-Moleküle mit gewünschten Eigenschaften zu entwickeln. Diese waren sehr wichtig für die Unterstützung der RNA-Welt-Theorie, weil es notwendig ist, zu zeigen, dass die RNA eine Vielzahl von Reaktionen katalysieren und eine Vielzahl von verschiedenen Molekülen binden kann.

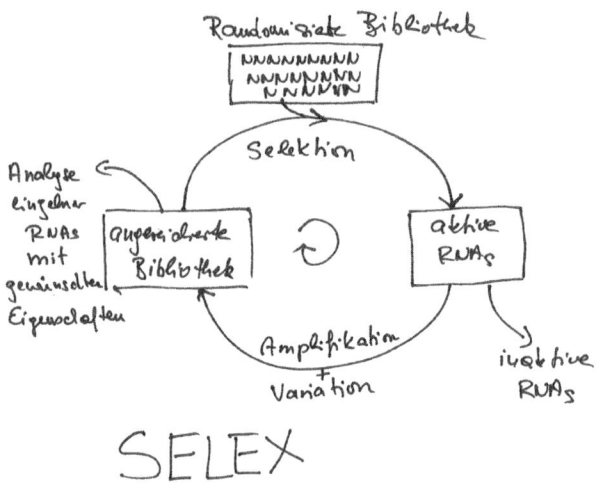

*Abb. 8: SELEX, ein Verfahren für die In-vitro-Evolution von
RNA-Molekülen mit gewünschten Eigenschaften*

SELEX steht für »**S**ystematic **E**volution of **L**igands
by **EX**ponential Enrichment«.

Bei der SELEX-Methode wird zuerst eine rando-
misierte Bibliothek von RNA-Molekülen hergestellt.
Dabei wird eine sehr hohe Anzahl (bis 1015) verschie-
dener kurzer RNA-Ketten nach dem Zufallsprinzip
synthetisiert. In einem zyklischen Verfahren werden
jene Eigenschaften selektiert, die gerade gewünscht
werden (Abb. 8).

Diese Bibliothek wird einem Selektionsverfahren
unterzogen, das genau nach den gesuchten Eigenschaf-

ten trennt. Jene RNAs, die die Eigenschaften aufweisen, werden angereichert, und jene, die diese Eigenschaften nicht aufweisen, werden verworfen. Zwischen den Anreicherungen muss die RNA vermehrt werden (Amplifikation), wobei Variationen entstehen, die dann auch zu verbesserten Eigenschaften führen können. Diese Prozedur wird so oft wiederholt (10- bis 100-mal wenn notwendig), bis die angereicherten RNAs genau die gesuchten Eigenschaften haben. Dann werden die RNAs genau untersucht.

Mit dieser Methode sind sehr viele funktionelle RNAs entwickelt worden, die unterschiedlichste kleine Moleküle und Proteine fest und spezifisch binden können. Diese werden *Aptamere* genannt und finden in der Technik zur Reinigung von Proteinen, aber immer öfter auch in der medizinischen Therapie Anwendung.

Alternativen zur RNA-Welt-Theorie

Es wäre naiv und kurzsichtig anzunehmen, dass die Entstehung des Lebens ein linearer Prozess war. Natürlich gab es viele alternative Ansätze, aber die RNA-Welt war wahrscheinlich erfolgreich und hat sich aber dann auch zur DNA/Protein-Welt, die wir heute haben, weiterentwickelt. Die RNA-Welt ist ja auch bereits verschwunden. Diese dauerte eine kurze Zeit, vor 3,5 Milliarden Jahren, bevor sie von einer stabileren und effizienteren abgelöst wurde. Viele erfolgreiche Moleküle haben aber in der neuen DNA/Protein-Welt überlebt und sind ein essenzieller Teil unseres Lebens geblieben. Vielleicht tragen die RNA-Moleküle nach wie vor die dominantesten Aktivitäten in unseren Zellen, aber das ist eine künstliche Diskussion. Wenn man die Evolution betrachtet, sieht man, dass es ein Kommen und Gehen ist. Wahrscheinlich sind über 99 Prozent aller Spezies, die die Evolution hervorgebracht hat, bereits wieder ausgestorben. Aber viele dieser Zwischenstufen hinterlassen Spuren. Diese können wir aus der Perspektive der Evolution betrachten. Sie erzählen uns die Geschichte des Lebens.

Ich bin der festen Überzeugung, dass RNA und kurze Peptide, Zucker, Fette und viele sehr diverse kleine Moleküle immer gemeinsam zu dem geworden sind, was sie heute sind.

Die Thioester-Welt

Es gibt in der Wissenschaft viele chemische Modelle zum Ursprung des Lebens, die alle ihren Wert haben. Wenn wir den heutigen Stoffwechsel vieler Mikroorganismen und Pflanzen genau unter die Lupe nehmen und überlegen, welche Reaktionen und Zwischenprodukte aus einer präbiotischen Zeit stammen könnten und überlebt haben, weil sie essenzielle Produkte liefern, so gibt es da viele interessante Moleküle. Die große

Frage ist, ob kleine Peptide, die nicht über die RNA hergestellt werden, schon zur RNA-Welt-Zeit oder vielleicht schon vorher wichtige Entwicklungen ermöglicht haben.

Es gibt nämlich viele hochwirksame Moleküle, die aus Aminosäuren bestehen und über einen ganz anderen Mechanismus hergestellt werden. Dazu gehören viele Peptidantibiotika, die über einen Thioester, eine Schwefelverbindung, hergestellt werden. Energiereiche Schwefelverbindungen sind sehr häufig im Stoffwechsel und könnten ein Hinweis darauf sein, dass die Evolution der chemischen Energiespeicherung – ein Prozess, der auch essenziell für die Entstehung des Lebens ist – über diesen Thioester abgelaufen sein könnte. Man nennt diese sehr wahrscheinliche Hypothese »Thioester-Welt«. Diese ist kein Widerspruch zur RNA-Welt und beide könnten koexistiert haben. Es gibt eben viele Hinweise, dass die Entstehung des Lebens unterschiedliche chemische Reaktionen benötigt hat, und viele davon haben ihre Spuren hinterlassen.

Lebewesen kommen und gehen, aber verschwinden oft nicht vollständig.

Ein gutes Beispiel dafür sind die Neandertaler. Sie sind vor circa 40.000 Jahren ausgestorben, haben aber in unserem Genom Spuren hinterlassen. Als es gelang, das Genom des Neandertalers zu sequenzieren, waren wir total überrascht, dass etliche Gene zwischen dem Homo sapiens und dem Neandertaler übereinstimmen.

Das war ein starkes Indiz dafür, dass der Homo sapiens und die Neandertaler miteinander Sex hatten und Nachkommen gezeugt haben. Wir Europäer tragen 1–4 Prozent Gene in uns, die nicht vom »modernen Menschen« stammen, sondern archaisch sind und mit den Genen der Neandertaler übereinstimmen. Dazu empfehle ich ein sensationelles Buch von Svante Pääbo, »Die Neandertaler und wir: Meine Suche nach den Urzeit-Genen« (2014).

Was RNA alles kann

Wir haben viel über die RNA-Welt-Theorie gehört, die besagt, dass die RNA früher eine essenzielle Rolle bei der Entstehung des Lebens spielte und eine wahre Alleskönnerin war. Und heute? Was kann und bewirkt die RNA heute in unseren Zellen?

RNAs bestimmen die Identität einer Zelle: das Transkriptom

Das Genom besteht aus DNA und ist die Gesamtheit der genetischen Information eines Lebewesens. Das menschliche Genom ist 3,3 Milliarden Basenpaare lang. Da vielzellige Lebewesen aus ganz vielen verschiedenen Zellen bestehen, die unterschiedliche Aufgaben erfüllen, werden in den Zellen auch unterschiedliche Gene gebraucht. In jedem Zelltyp ist daher eine Reihe von Genen ausgeschaltet. Nur jene Gene, die gebraucht werden, sind eingeschaltet. Wird ein Gen gebraucht und eingeschaltet, wird der dazugehörende Abschnitt der DNA in RNA abgeschrieben. Es wird eine zur DNA gehörende RNA hergestellt. Diesen Prozess nennt man Transkription.

Die RNA ist ein *Transkript*. Von manchen RNAs gibt es nur wenige Kopien, wenn nicht viele davon gebraucht werden, von anderen gibt es über tausend Kopien, weil viele davon nötig sind. Die Gesamtheit der RNA einer Zelle nennt man *Transkriptom*. So hat zum Beispiel eine Muskelzelle ein ganz anderes Transkriptom als eine Hautzelle oder eine Leberzelle. Die DNA in all diesen Zellen ist (fast) identisch, aber die RNAs sind sehr unterschiedlich. Will man wissen, um welche Zelle es sich handelt, kann man einfach die RNA einer Zelle bestimmen. Das Transkriptom, also die Summe aller RNAs einer Zelle, bestimmt ihre Identität.

Das Epigenom wird von RNAs reguliert

Jene Teile des Genoms, die in einem bestimmten Zelltyp nicht gebraucht werden, werden »stillgelegt«. Die dazugehörige DNA wird dicht mit Proteinen verpackt und ist dadurch unzugänglich für die Transkription. Diese dicht verpackten Abschnitte der DNA nennt man Heterochromatin. Dabei werden sowohl die DNA als auch die Proteine, die die DNA verpacken, chemisch modifiziert, indem kleine chemische Marker, meistens Methylgruppen, angehängt werden. Die Gesamtheit der zugänglichen und stillgelegten Teile der DNA nennt man *Epigenom*. »Epi-« bedeutet »über«. Die Epigenetik ist eine regulatorische Ebene über der Genetik, weil sie bestimmt, welche Teile der DNA zugänglich bleiben und welche nicht. Und das auf sehr dynamische Weise. Damit werden bestimmte Bereiche der DNA chemisch modifiziert, aber diese Modifizierungen können auch wieder rückgängig gemacht werden. Epigenetische Markierungen sind also reversibel und müssen nach jeder Zellteilung wieder rekonstruiert werden. Die Epigenetik ist die Lehre dieses Prozesses der Stilllegung von Teilen des Genoms. Wenn sich die Zelle teilt, wird der epigenetische Zustand der Mutterzelle in der Tochterzelle wiederhergestellt. So wird sichergestellt, dass die Tochter einer Muskelzelle auch wieder eine Muskelzelle und die Tochter einer Leberzelle auch wieder eine Leberzelle wird. In der Tochterzelle sind dann die gleichen Gene eingeschaltet wie in der Mutterzelle. An der Regulierung dieses Prozesses der Stilllegung von Genen sind RNA-Moleküle beteiligt. Diese speziellen RNAs sind meistens lange, nicht-kodierende RNAs, weil sie nicht die Herstellung eines Proteins kodieren, sondern für die Stilllegung einer Region der DNA zuständig sind.

Das erste epigenetisch markierte Gen wurde von der Epigenetikerin *Denise Barlow* entdeckt. Es war das IGF2R-Gen, das für den »Insulin-like Growth Factor« kodiert. Dabei macht es einen Unterschied, ob eine krankmachende Mutation dieses Gens vom Vater oder von der Mutter vererbt wird. Das heißt, dass die Zelle weiß, welches Chromosom vom Vater und welches von der Mutter stammt. Die Chromosomen sind bei manchen Genen epigenetisch markiert. Bei dieser epigenetischen Stilllegung eines elterlichen Chromosoms ist eine *MakroRNA*, eine lange, nicht-kodierende RNA, die Airn RNA beteiligt.

Die XIST-RNA legt das X-Chromosom still

Frauen haben 2 X-Chromosomen (XX), Männer ein X- und ein Y-Chromosom (XY). Das würde eigentlich bedeuten, dass Frauen die doppelte Gendosis jener Gene haben, die auf dem X-Chromosom kodiert sind. Das ist aber nicht der Fall, weil eines der beiden X-Chromosomen epigenetisch stillgelegt wird. Die XIST-RNA ist dafür zuständig. XIST steht für »X-Inactive Specific Transcript«. Es ist eine 17.000 Basen lange RNA, die nur vom inaktiven Chromosom transkribiert wird und sich auf das Chromosom legt, es sozusagen umhüllt und gemeinsam mit anderen RNAs und Proteinen fast das gesamte Chromosom epigenetisch stilllegt.

RNA macht Proteine

Heute leben wir in einer DNA-Protein-Welt, weil Proteine die meisten chemischen Prozesse in den Zellen steuern und Proteine Hauptbestandteile fast aller zellulären Strukturen sind. Wenn man die gesamte RNA einer Zelle isoliert, so besteht diese meist zu 80–90 Prozent aus *ribosomaler RNA* (rRNA). Diese rRNA ist dafür verantwortlich, dass Proteine hergestellt werden. Das ist ein sehr komplexer und schwieriger Prozess, den zu verstehen ForscherInnen viele Jahrzehnte gebraucht haben. Bis heute weiß man noch nicht genau, wie er funktioniert.

Um Proteine herzustellen, sind drei Typen von RNAs notwendig: die ribosomalen RNAs (rRNA), die transfer-RNAs (tRNA) und die messenger-RNAs (mRNA). Die mRNAs enthalten die Information für die Zusammensetzung der Proteine, den sogenannten genetischen Code. Dieser Code wird am Ribosom von den tRNAs abgelesen. Die tRNAs enthalten die »Anticodon«-Sequenz auf der einen Seite und tragen am anderen Ende die zum Codon gehörige Aminosäure. Für jede Aminosäure gibt es eine entsprechende tRNA. Die Aminosäuren werden dann gemäß der Information auf der mRNA von der ribosomalen RNA zu Proteinketten zusammengefügt. Diese Protein-erzeugende »Maschine« nennt man Ribosom.

Erst seit Anfang des 21. Jahrhunderts weiß man, dass es die ribosomale RNA ist, die diese wichtigste Reaktion in der Zelle steuert. Bis dahin haben sich die WissenschafterInnen gestritten, ob Proteine von Proteinen oder von RNAs synthetisiert werden. Heute wissen wir es: Proteine werden von RNAs hergestellt.

RNA-Viren speichern ihre genetische Information als RNA

Viren sind kleinste Partikel, die aus einer relativ kurzen genetischen Information bestehen, die von einer Proteinhülle umgeben ist. Die genetische Information kann aus DNA oder aus RNA bestehen. Diese Viren sind keine eigenständigen Lebewesen, weil sie keinen eigenen Stoffwechsel haben. Sie brauchen dazu eine Wirtszelle, die sie angreifen, umfunktionieren und dazu benutzen, sich selbst zu vermehren. Meistens gehen die Wirtszellen dabei zugrunde. Es gibt Tausende verschiedene RNA-Viren, einzelsträngige und doppelsträngige, und auch sogenannte Retroviren. Die RNA der Retroviren wie zum Beispiel HIV wird in DNA umgeschrieben (Reverse Transkription) und in das Genom der Wirtszelle integriert. Das kann sehr unangenehme Folge haben. Viren können, wenn sie zu virulent sind, die Wirtszelle töten und manchmal sogar den ganzen Organismus.

microRNAs (miRNA) und die RNA-Interferenz

Während DNA doppelsträngig ist, ist RNA normalerweise einzelsträngig. Bekannt ist dies als DNA-Doppelhelix. Die RNA kann auch eine Doppelstranghelix bilden, die aber ganz andere Eigenschaften als die DNA hat. Während die Information der DNA-Doppelhelix zugänglich und lesbar ist (Proteine können sequenzspezifisch an die Helix binden und erkennen, welche Information drinnensteckt), ist das bei der RNA-Doppelhelix nicht der Fall. Die Form dieser sogenannten A-Form Helix ist so beschaffen, dass die Furchen (die seitlichen Einbuchtungen der Helix) so tief und eng sind, dass da kein Protein reinpasst. Das hat sehr weitreichende Folgen: Die Zelle kann nicht erkennen, um welche RNA es sich handelt. Die Zelle ist sozusagen blind dafür, welche RNA sie gerade angreift. Und es könnte ja ein doppelsträngiger RNA-Virus sein, der die Zelle gerade infiziert hat. Deswegen gibt es einen Schutzmechanismus, um Zellen vor doppelsträngiger RNA zu schützen. Sobald eine doppelsträngige RNA, die länger als 20 Basen ist, die Zelle betritt, ist Alarm angesagt und diese RNA wird sofort zerstört und in kleine, circa 20 Basen lange Stücke zerschnitten.

Aber das ist noch nicht alles: Die kleinen Stückchen, microRNAs genannt, werden in Proteinkomplexe eingebaut, die »RISC« heißen, und dann werden alle anderen RNAs, die eine Sequenz haben, die dieser microRNA komplementär ist, entweder abgebaut oder stillgelegt. Es könnte sich ja um eine virale RNA handeln. Diesen Prozess nennt man *RNA-Interferenz.*

Diese RNA-Interferenz wird nun in der Forschung verwendet, um die Funktion von Genen zu analysieren. Man schickt dazu eine kurze doppelsträngige RNA in die Zelle, die die Sequenz des zu untersuchenden Gens enthält. Daraufhin wird dieses Gen deaktiviert. Man sagt auch miRNA knockdown dazu.

Es gibt Tausende microRNAs in den Zellen, die die Menge der mRNAs kontrollieren. Das sind sehr aktive kleine Moleküle, die eine wichtige Rolle bei der Mengenkontrolle der Genprodukte spielen.

Leit-RNAs zeigen den Proteinen, wo diese arbeiten sollen

Viele Proteine, die an RNAs chemische Reaktionen durchführen können, brauchen dazu eine Leit-RNA, damit sie wissen, an welcher Stelle sie aktiv werden sollen. Leit-RNAs sind Proteine, die RNAs chemisch so modifizieren oder die Sequenz derart editieren, dass die RNA stabiler wird. RNAs sind dazu besonders geeignet, weil sie sehr leicht Basenpaarungen mit der Zielsequenz eingehen können.

Die CRISPR-RNA, die Leit-RNA der Genschere

Die bekannteste und berühmteste Leit-RNA ist die CRISPR-RNA. CRISPR ist ein bakterielles Immunsystem und steht für »Clustered Regularly Interspaced Short Palindromic Repeats«. Wenn Bakterien von Vi-

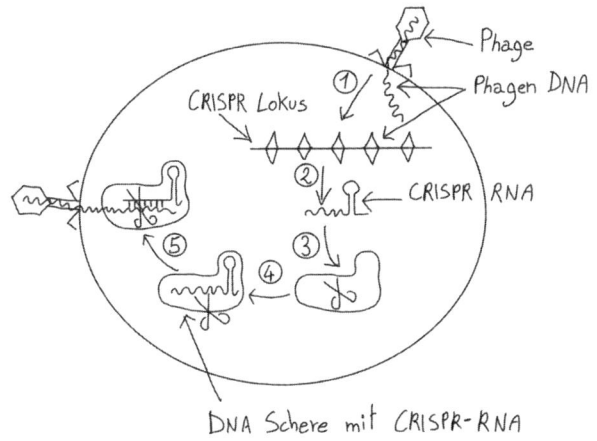

DNA Schere mit CRISPR-RNA

Abb. 9: (1) Ein Phage (bakterielles Virus) landet auf der Oberfläche eines Bakteriums und injiziert seine DNA in die Bakterienzelle. (2) Wenn das Bakterium nicht daran zugrunde geht, schneidet es die Phagen-DNA und fügt ein Stückchen davon zwischen die CRISPR-Sequenzen. Auf der Illustration ist eine ganze Palette solcher viralen Sequenzen bereits vorhanden. (3) Von diesem CRISPR-Lokus wird eine RNA abgeschrieben, die ein Stück Phagensequenz und ein Repeat hat: Diese RNA wird CRISPR-RNA genannt. (4) Diese RNA bindet dann an spezielle Proteine, die DNA schneiden können (z. B. die Cas9-Genschere). Die CRISPR-RNA bestimmt, an welche DNA dieser RNA-Proteinkomplex binden und scheiden wird: die Phagen-DNA.

ren infiziert werden, schaffen es manche Zellen, ein Stück der viralen DNA zwischen kurzen DNA-Elementen, die für die CRISPR-RNA kodieren, einzuschleusen. Das hat zur Folge, dass das Bakterium die

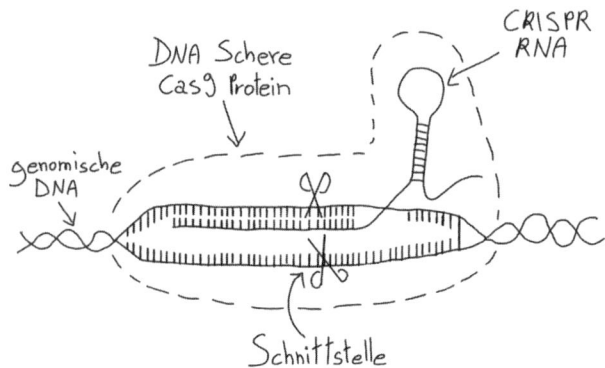

Abb. 10: Das CRISPR-Cas9-Protein mit der synthetischen Leit-RNA (CRISPR-RNA) bindet an DNA und findet die genaue komplementäre Sequenz zur Leit-RNA. Daraufhin schneidet Cas9 beide DNA-Stränge, es entsteht ein Doppelstrangbruch. Das ist ein Alarmsignal für die Zelle, die sofort versucht, die DNA zu reparieren. Dadurch entstehen unterschiedliche Veränderungen an der DNA, je nachdem, wie das System manipuliert wird.

Information bekommt, dass diese Sequenz von einem Virus stammt. Wenn diese Region nun in RNA transkribiert wird, entsteht die CRISPR-RNA, die dann als Leit-RNA der Genschere Cas9 den Weg zum Virus zeigt, dessen DNA dann abgebaut wird.

Das Geniale an diesem System ist, dass diese Cas9-Genschere nicht nur in Bakterienzellen aktiv ist, sondern auch in allen anderen Zellen, die man ausprobiert hat: menschlichen, pflanzlichen und tierischen. Das heißt, dass in Kombination mit einer beliebig designten CRISPR-RNA dieses Cas9-Protein in allen Organismen verwendet werden kann, um die DNA-Sequenz eines Gens zu verändern. Für diese Entdeckung erhielten *Emmanuelle Charpentier* und *Jennifer Doudna* 2020 den Nobelpreis.

Mit dieser neuen Technologie kann der Mensch nach Belieben genetisch modifizierte Organismen herstellen. Für die medizinische Therapie ist es noch ein bisschen früh, aber es ist eindeutig, dass diese Technologie schnell reifen wird. Einerseits werden sich viele nützliche Anwendungen finden. Andererseits wird hier eine sehr wichtige ethische Debatte zu führen sein, um sicherzustellen, dass die Anwendung in der menschlichen Keimbahn strengen Auflagen unterliegt.

RNA-Sensoren – Thermometer und Ribo-Schalter

RNAs haben eine weitere, sehr besondere Eigenschaft. Sie falten sich zu mehr oder weniger komplexen Strukturen, indem sie Basenpaarungen innerhalb der eigenen Sequenz eingehen. Diese Basenpaarungen hängen aber stark von den Rahmenbedingungen – etwa Salzkonzentration und Temperatur – ab. Das hat zur Folge, dass die RNA bei manchen Temperaturen gefaltet ist und, wenn die Temperatur steigt, sich wieder entfaltet und eine andere Funktion einnimmt. Diese Art der Temperaturmessung verwenden manche Bakterien, um zu merken, wenn sie ihren Aufenthaltsort geändert haben. Infiziert ein Bakterium zum Beispiel einen Menschen, ändert sich seine Umgebungstemperatur auf 37 Grad Celsius. Dabei ändert sich die Faltung mancher RNA-Schalter und Virulenz-Gene schalten sich ein, die gebraucht werden, um innerhalb einer menschlichen Zelle zu überleben. Diese temperaturabhängigen Schalter werden *RNA-Thermometer* genannt.

Ähnliche Schalter können andere Bedingungen wie Salzkonzentrationen oder die Menge an vorhandenen Nährstoffen messen. Auch hier ändern RNAs ihre Struktur, um die Genaktivität der zuständigen Gene zu regulieren. Diese kleinen RNA-Schalter nennt man *Riboswitches.*

Katalytische RNAs oder Ribozyme

Man war lange der Meinung, dass nur Proteine als Katalysatoren chemischer Reaktionen fungieren können. Das sind die sogenannten Enzyme. Sie steuern so ziemlich alle Prozesse in der Zelle. Aber eben nur fast. Ein paar wenige Reaktionen werden von katalytischen RNAs angetrieben. So zum Beispiel wird die Proteinsynthese von der ribosomalen RNA katalysiert. Viele RNAs werden von einem Komplex gereift, den man »Spliceosom« nennt. Hier spielen mehrere funktionelle

RNAs die Hauptrolle. Und etliche RNAs können sich selbst prozessieren; man nennt sie dann »autokatalytisch«. Dazu gehören einige virale RNAs.

RNAs für die medizinische Diagnostik und Therapie

Wenn Menschen an Wissenschaft und Forschung denken, wünschen sie sich meistens etwas Nützliches für die Medizin. Daher arbeiten viele Menschen an der medizinischen Anwendung von RNA-Molekülen. Für die medizinische Diagnostik sind sie tatsächlich sehr nützlich, denn veränderte Genaktivitäten, die zu Krankheiten führen, lassen sich leicht analysieren, weil sich die Konzentration bestimmter RNAs in den kranken Zellen ändert. Für viele Krankheiten sind die Veränderungen der RNA-Konzentrationen bekannt, diese werden dann zur Diagnose bestimmt.

Sehr viel schwieriger ist die Anwendung der RNA für Therapien. Daran wird schon seit Jahrzehnten gearbeitet, denn die RNA ist ein sehr instabiles Molekül, das sehr schnell abgebaut wird. Eine zweite Schwierigkeit ist es, die RNA in der Zelle genau dorthin zu bekommen, wo sie gebraucht wird. Weil in der Zwischenzeit sehr viele Erfahrungen damit gemacht wurden, war es möglich, beispielsweise die Impfung gegen SARS-CoV-2 so schnell zu entwickeln.

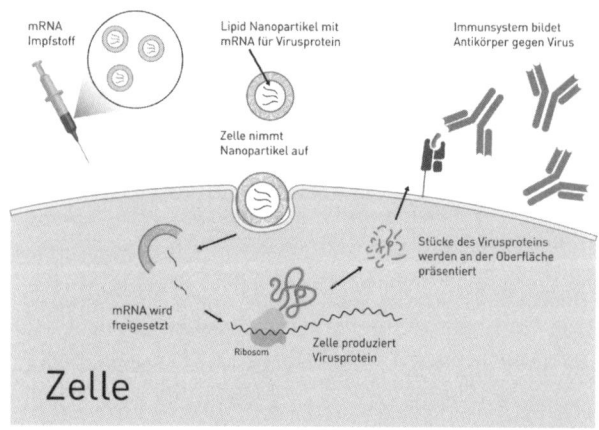

*Abb. 11: Bei der mRNA-Impfung wird, statt das Antigen
selbst, die Information zur Herstellung des Antigens in mRNA-
Form in die Zelle geschickt. Dafür wird sie in Nanopartikel
verpackt, damit sie nicht gleich abgebaut wird, und in den
Körper gespritzt. Dieses Nanopartikel bewirkt, dass die Zellen
die mRNA aufnehmen und dann das dazugehörige Protein
– das Antigen – herstellen. Die mRNA enthält noch mehr
Informationen, die sicherstellen, dass die Zelle das Antigen an
ihre Oberfläche transportiert und das Immunsystem erkennt,
dass dies kein körpereigenes Protein ist. Das hat zur Folge,
dass dann in den Antikörper produzierenden B-Zellen des
Immunsystems die entsprechenden Immunglobuline hergestellt
werden, die als Antikörper eventuelle Viren erkennen würden,
sollte der Mensch infiziert werden.*

Das Ziel einer Impfung ist es, das Immunsystem dazu zu bringen, Abwehrstoffe gegen Viren und Bakterien herzustellen. Unser Immunsystem hat eine ganz besondere Eigenschaft: Es kann körpereigene von körperfremden Stoffen unterscheiden. Und gegen die körperfremden Stoffe bildet es sogenannte *Antikörper*. Das sind Proteine, auch *Immunglobuline* genannt, die diese körperfremden Stoffe binden, aus dem Verkehr ziehen und zerstören. Stoffe, die als körperfremd erkannt werden, heißen *Antigene*.

Die Liste der RNA-Aktivitäten
ist noch viel länger

Dies war nur eine kurze Zusammenfassung der wichtigsten Aufgaben von RNA-Molekülen. Diese Liste ist bei Weitem nicht vollständig! Fast täglich werden neue RNAs entdeckt, alle paar Jahre gibt es aufregende Berichte über die Entdeckung neuer RNAs mit neuen, unerwarteten Eigenschaften. Ich bin schon gespannt, was die nächste große Entdeckung sein wird. 2020 war das Jahr der mRNA-Impfung. Das Prinzip war schon länger durchdacht, aber dass es so gut funktioniert, hat dann doch viele überrascht.

Nachwort

Hier zum Abschluss noch ein paar sehr wichtige Gedanken zur philosophischen Verknüpfung von Naturwissenschaften und Philosophie.

Auf- und Abbau oder
warum wir sterben

Womit wir Menschen am meisten Schwierigkeiten haben, ist, die Tatsache zu akzeptieren, dass wir sterben. Das wird aber evident, wenn wir den Ursprung des Lebens betrachten und verstehen, wie Evolution funktioniert.

Seit Beginn der Ursuppenzeit werden alle Moleküle, die aufgebaut werden, auch wieder abgebaut. Sonst könnte die Selektion nicht funktionieren und es würde sich jede Menge »Müll« ansammeln. Es muss ja auch sparsam mit den vorhandenen Ressourcen umgegangen werden, um eine größtmögliche Vielfalt an verschiedenen Molekülen ausprobieren zu können. Nur so kann eine Entwicklung zu immer komplexeren und funktionelleren Molekülen ablaufen. Moleküle sind unterschiedlich stabil, einige sind sehr kurzlebig, andere langlebig. So ist die RNA sehr instabil und wird ständig auf- und abgebaut. Die DNA ist stabiler und hält sich, wenn sie gut geschützt ist, Tausende Jahre.

So waren die DNA des Ötzi und die von Neandertalern noch erhalten und konnten sequenziert werden.

Der Prozess »Leben« ist jedoch seit der ersten Urzelle aufrecht. Wir sind alle Nachkommen dieser ersten Urzelle, der LUCA (Last Universal Common Ancestor). Diese wird postuliert und es kann zurückverfolgt werden, dass alle heute existierenden Lebewesen von ihr abstammen. Die einzelnen Lebewesen kommen und gehen, aber das daraus entwickelte Leben, der Prozess, ist voll funktionsfähig. Das ist nur möglich, wenn jene funktionsfähigen Exemplare, die Nachkommen erzeugen, vom Prozess selektiert werden, während die anderen verschwinden. Am Ende sterben aber alle. Die Alterung ist eben ein wichtiger Teil des Auf- und Abbaus, damit Neues entstehen kann.

Perfektion ist eine Sackgasse der Evolution

Hier ein letzter, aber sehr wichtiger Gedanke zum Leben und zu Fehlern.

Wenn die DNA in den Zellen vermehrt wird, entstehen immer neue Sequenzen; nicht viele, aber doch. Das liegt an den physikalischen Eigenschaften der Basen und wie diese miteinander paaren. Eine von 10.000 Basen liegt in einer anderen tautomeren Form vor und hat dann veränderte Fähigkeiten, *Wasserstoffbrücken* zu bilden. Das brauchen Sie jetzt nicht genau zu verstehen. Merken Sie sich, dass eine von 10.000 Basen sich kurzfristig anders verhält, und da die DNA ein Doppelstrang ist, sind zwei von 10.000 mal 10.000 falsch gepaart. 1 in 10^8! Das heißt, dass, wenn die DNA mit einer Mutationsrate von 1 in 10^8 pro Basenpaar und Generation repliziert wird und das humane Genom 3 x 10^9 Basenpaare lang ist, entstehen 10 bis 100 Mutationen pro Generation. Das ist die natürliche Fehlerrate unseres genetischen Systems.

Heutzutage können wir diese Fehlerrate genau bestimmen und beweisen, wenn wir die DNA von Eltern mit der ihrer Kinder vergleichen. Jedes Kind hat zwischen 60 und 100 *Mutationen*, die die Eltern nicht haben.

Jetzt stellen Sie sich vor, dass sich die DNA der ersten Urzelle fehlerlos repliziert hätte. Was wäre passiert? Dann wäre unser Planet mit dieser einen Art Zelle bedeckt. Wenn diese Zelle überhaupt entstanden wäre. Daher bezeichne ich diese Veränderungen nicht als Fehler, sondern als Variationen oder Mutationen. Sie sind ein essenzieller Teil der Evolution. Daher ist Perfektion (Fehlerlosigkeit) eine Sackgasse der Evolution.

Korrelation, Kausalität und Zufall

Die Schwierigkeit bei der Interpretation von wissenschaftlichen Daten ist die Unterscheidung von Korrelation und Kausalität. Viele Ereignisse finden gleichzeitig statt und korrelieren oft zeitlich, haben aber keinen direkten kausalen Zusammenhang. Auch Zufälle können viele Menschen nicht akzeptieren. Sie sind jedoch ein Grundelement in der Entstehung des Universums. Ereignisse finden statt, weil die Rahmenbedingungen diese möglich machen, sie könnten aber genauso wahrscheinlich nicht stattfinden.

Genetische Mutationen finden bei jeder DNA-Vermehrung statt. Diese sind eine inhärente Eigenschaft des Systems. Welche Mutationen stattfinden, kann nicht vorausgesagt werden, denn diese unterliegen dem Zufall.

Den größten Fehler, den man im Leben machen kann, ist, immer Angst zu haben, einen Fehler zu machen. (Dietrich Bonhoeffer)

Glossar

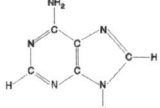 *Adenin* ist eine der vier Basen der DNA und RNA; paart mit Thymin oder mit Uracil, jeweils mit zwei Wasserstoffbrücken.

Aminosäuren sind Bausteine der Proteine bestehend aus einer Carboxylgruppe (-COOH) und einer Aminogruppe ($-NH_2$). 20 verschiedene Aminosäuren sind genetisch kodiert, die einfachste ist das Glycin.

Altman, Sidney: Entdecker der katalytischen Eigenschaft der RNA. Nobelpreis 1989 gemeinsam mit Thomas Cech.

Antibiotika sind von Bakterien oder Pilzen hergestellte niedermolekulare Substanzen, die das Wachstum anderer Mikroorganismen verhindern oder diese auch abtöten.

Antigene sind Stoffe, meistens Proteine, aber auch Kohlehydrate, RNA, Lipide, die vom Körper als fremd erkannt und bekämpft werden. Es werden spezifische Antikörper dagegen erzeugt, die die Antigene binden und abtransportieren.

Antikörper sind vom Immunsystem (B-Lymphozyten) hergestellte Proteine, die spezifisch bestimmte Antigene binden. Diese Proteine gehören zur Klasse der Immunglobuline.

Aptamere: So werden synthetische RNAs genannt, die durch In-vitro-Selektion entwickelt werden, um kleine Moleküle mit hoher Spezifität und Affinität zu binden.

Autopoiesis: Mit »Autopoiesis« bezeichnen Humberto Maturana und Francisco Varela jenen Prozess, durch den lebendige Systeme sich selbst hervorbringen und reproduzieren.

Barlow, Denise war Professorin und Forscherin am Zentrum für Molekulare Medizin (CeMM) der Österreichischen Akademie der Wissenschaften. Barlow hat das erste epigenetisch geprägte Gen entdeckt.

Basen, Nukleobasen: Adenin, Cytosin, Guanin, Thymin und Uracil werden als »Basen« bezeichnet. Und als Nukleobasen weil sie hauptsächlich im Zellkern, dem »Nukleus« vorkommen.

Brosius, Jürgen: geboren 1948; deutscher Genetiker, der sich mit der Evolution des Genoms beschäftigt und die Rolle der RNA dabei erforscht. Er hat die Sequenz der ribosomalen RNAs bestimmt und sehr früh an der Funktion nicht-kodierender RNAs geforscht.

Cech, Thomas: Entdecker der katalytischen Eigenschaft der RNA; Nobelpreis 1989 gemeinsam mit Sidney Altman.

Charpentier, Emmanuelle: geboren 1968, französische Mikrobiologin und Genetikerin. Gemeinsam mit Jennifer Doudna entdeckte sie die biochemischen Eigenschaften des Cas9-Gens im Bakterium *Streptococcus pyogenes* und entwickelte das CRISPR-Cas9-System zur Genomeditierung. 2020 erhielten sie den Nobelpreis für Chemie.

Chromosomen sind die Verpackungsform der DNA und enthalten viele Proteine, die den Verpackungszustand bestimmen.

Chlorophyll ist der grüne Farbstoff der Pflanzen, der für die Absorption des Lichtes notwendig ist, und die Lichtenergie für die Photosynthese weiterleitet.

Coenzym: Manche Enzyme brauchen für ihre katalytischen Aktivitäten zusätzliche chemische Stoffe, die als Coenzyme bezeichnet werden. Viele dieser Coenzyme sind Vitamine oder Metallionen und enthalten RNA-Bausteine.

Crick, Francis: 1916–2004. Gemeinsam mit James Watson und Rosalind Franklin hat er an der Aufklärung der Doppelhelix-Struktur der DNA gearbeitet. Nach ihnen werden die AT- und GB-Basenpaare als »Watson-Crick-Basenpaare« bezeichnet.

CRISPR steht für »Clustered Regularly Interspaced Short Palindromic Repeats«. Es handelt sich um kurze, sich wiederholende DNA-Elemente im Genom von Bakterien und Archaeen, in denen virale DNA-Sequenzen integriert werden, um eine Immunantwort aufzubauen. Sie gehören zum adaptiven Immunsystem von Bakterien. Dieser Lokus wird in eine CRISPR-RNA transkribiert, die gemeinsam mit dem Cas9-Protein virale DNA abbaut.

Curie, Marie Sklodowska: 1867–1934, polnische Wissenschaftlerin, die in Frankreich wirkte. Sie erhielt 2 Nobelpreise: für Physik (1903) und für Chemie (1911). Sie entdeckte gemeinsam mit anderen Wissenschaftlern die Radioaktivität und mehrere chemische Elemente (Polonium und Radium).

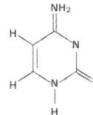

Cytosin: eine der vier Basen der DNA und RNA. Paart mit Guanin über drei Wasserstoffbrücken.

Darwin, Charles/Darwinismus: 1809–1882. Einer der bedeutendsten Naturforscher der Welt. Der Brite begründete die biologische Evolutionstheorie – den Darwinismus. Sein Hauptwerk »On the Origin of Species« (Zur Entstehung der Arten) gilt als Grundlage zur Erklärung der Diversität (Vielfalt) der Arten.

Dissipative Strukturen sind ein Phänomen von sich selbst organisierenden Strukturen, die sich in nichtlinearen Systemen fern vom thermodynamischen Gleichgewicht bilden. Dabei nimmt die Entropie ab und muss in einem offenen System ständig Energie mit der Umgebung austauschen.

DNA: Desoxyribonukleinsäure ist die chemische Speicherform der genetischen Information. Sie besteht aus Phosphorsäure, dem Zucker Desoxyribose und vier unterschiedlichen Basen (Adenin, Cytosin, Guanin und Thymin). Adenin kann mit Thymin paaren, indem zwei Wasserstoffbrücken gebildet werden. Guanin paart mit Cytosin unter der Bildung von drei Wasserstoffbrücken. Das Rückgrat der DNA ist eine lange Kette abwechselnd aus Phosphat und Desoxyribose, an denen jeweils eine der vier Basen hängt. In der Zelle kommt die DNA als Doppelkette vor, wobei beide Ketten komplementär sind.

Doudna, Jennifer: geboren 1964. US-amerikanische Biochemikerin und Strukturbiologin. Sie löste die Struktur vieler RNAs und entwickelte gemeinsam mit Emmanuelle Charpentier das CRISPR-Cas9-System zur Genomeditierung. 2020 erhielten sie den Nobelpreis für Chemie.

England, Jeremy ist ein amerikanischer Physiker, der mittels statistischer Physik die spontane Entstehung von Leben und dessen Evolution berechnet. Er nennt den Prozess Dissipations-getriebene Adaptation.

Entropie ist eine fundamentale thermodynamische Zustandsgröße der Physik, die die Irreversibilität von Reaktionen beschreibt. In einem abgeschlossenen System bewirken alle spontan ablaufenden Reaktionen eine Entropiezunahme. Für die Abnahme der

Entropie, oder die Ordnung, braucht es Energie. Ihre SI-Einheit ist Joule pro Grad Kelvin (J/K).

Enzyme sind Eiweißmoleküle mit katalytischen Eigenschaften. Enzyme steuern und beschleunigen chemische Reaktionen, ohne dabei selbst verbraucht zu werden.

Evolution ist eine Theorie zur Erklärung aller Phänomene zur Entstehung und Entwicklung der Lebewesen. In Kontrast zu dem Begriff »Schöpfung«, bei der alles von einem Schöpfer im fertigen Zustand gezeugt wurde (Dogma der monotheistischen Religionen).

Epigenetik ist eine Wissenschaftsdisziplin, die sich mit den vererbbaren Merkmalen befasst, die nicht in der DNA-Sequenz enthalten sind.

Epigenom ist die Gesamtheit der epigenetischen Markierungen des Genoms einer Zelle. Sie bestimmt, welche Gene zugänglich sind und bestimmen die Identität einer Zelle.

Gen Abschnitt auf der DNA, der die Information für die Herstellung eines Genprodukts enthält. Genprodukte sind Proteine oder RNA-Moleküle. Sie sind die Informationsform zur Speicherung und Vererbung von Eigenschaften.

Genetik: Vererbungslehre

Genetischer Code: Auf der DNA ist die Information gespeichert, wie ein Protein hergestellt wird. Das Kochrezept in einer Geheimsprache: Drei Basen auf der DNA-Kette entsprechen einer bestimmten Aminosäure. Es gibt 20 Aminosäuren in den Proteinen und 64 mögliche Codons. $4^3 = 64$. Den exakten genetischen Code finden Sie in Wikipedia. Sie werden ihn aber nicht brauchen, um dieses Buch zu lesen.

Genom: die Gesamtheit der Erbinformation eines Organismus. Zum Beispiel: Das menschliche Genom, bestehend aus über 3 Milliarden Basenpaaren ist auf 23 Chromosomen verteilt. Wir haben einen doppelten Chromosomen-Satz. Je 22 »autosomale« Chromosomen (1 bis 22) und die Geschlechtschromosomen X und Y. Bei Frauen XX und bei Männern XY.

Gilbert, Walter: Geboren 1932. Begründete mit seinem Aufsatz »The RNA World« die Theorie der RNA-Welt, die besagt, dass bei der Entstehung des Lebens die RNA eine zentrale Rolle als erstes informatives Molekül mit katalytischen Eigenschaften gespielt hat und dadurch der Prozess »Leben« beginnen konnte.

Gretchenfrage: »Nun sag, wie hast du's mit *der Religion*?« ist die Frage, die Gretchen in Goethes »Faust« an Faust stellt. Diese Frage ist die Kernfrage zur Religiosität einer Person.

Guanin: eine der vier Basen der DNA und RNA. Paart mit Cytosin über drei Wasserstoffbrücken.

2. Hauptsatz der Thermodynamik: Hier ein paar Formulierungen davon: Wärme kann durch eine periodisch arbeitende Maschine nicht vollständig in Arbeit umgewandelt werden. Alle spontan ablaufenden Prozesse sind irreversibel. Wärme kann nicht von selbst von einem Körper niedriger Temperatur auf einen Körper höherer Temperatur übergehen.

Henn-Ei: Kunstbegriff, der die RNA bezeichnet. Die RNA gilt als Antwort auf die »Henne oder Ei«-Frage zur Entstehung des Lebens: Was war zuerst da? Die DNA, die die Information speichert, um Proteine herzustellen, oder die Proteine, die notwendig sind, um DNA herzustellen. Die RNA vereint beides in einem Molekül, sie ist die Henne und das Ei oder das Henn-Ei.

Hypothese: Aussage, die noch keine Gültigkeit hat, solange nicht genug Evidenz gesammelt wird, dass sie zur Theorie werden kann.

Immunglobuline sind eine Familie von Eiweiß-Molekülen, die auch Antikörper genannt werden, weil sie körperfremde Stoffe (Antigene) binden und zu deren Abbau führen.

Katalysator: Substanz, die chemische Reaktionen beschleunigt, ohne dabei selbst verbraucht zu werden. Die meisten biologischen Katalysatoren sind Proteine (Eiweiß), die wir Enzyme nennen. RNA-Moleküle können auch als Katalysatoren wirken, sie werden Ribozyme genannt.

Katalyse: Prozess, bei dem chemische Reaktionen von Katalysatoren (in der Biologie meistens Enzyme) beschleunigt, gestartet oder gelenkt werden.

Kausalität: Wenn zwei Ereignisse so eng miteinander verbunden sind, dass ein Ereignis der Grund und die Voraussetzung für das Eintreten des zweiten Ereignisses ist, dann haben sie einen kausalen Zusammenhang und finden nicht nur zufällig miteinander oder nacheinander statt.

Korrelation: Wenn zwei Ereignisse zur gleichen Zeit stattfinden und auch zur gleichen Zeit zunehmen oder abnehmen, ohne dass es einen sonstigen Zusammenhang gibt, korrelieren die Ereignisse. Dies geschieht aber nur indirekt oder zufällig. Sie müssen keinen kausalen Zusammenhang haben. Ein ironisches Beispiel zur Erklärung der missverstandenen Kausalität kommt aus der Spaghettimonster-Theorie: Der weltweite Anstieg der Temperatur korreliert darin mit der Abnahme der Piraten: je höher die Temperatur, desto weniger Piraten gibt es. Zwei Ereignisse, die zwar korrelieren, aber keinen kausalen Zusammenhang haben.

Maturana, Humberto: 1928–2021, chilenischer Biologe und Philosoph. Beschäftigte sich mit der Definition des Lebens und gemeinsam mit Francisco Varela erfand er den Terminus Autopoiesis, um die Selbstorganisation von Lebewesen zu beschreiben.

MakroRNAs sind längere RNA-Moleküle, die über 200 Basen lang sind. Deren regulatorische Funktionen sind noch wenig aufgeklärt.

Maxwell-Dämon: Gedankenexperiment des schottischen Physikers James Clerk Maxwell, 1831–1879, zur Erklärung der Entstehung von Ordnung. Der Dämon sitzt außerhalb des Systems und sortiert die Teilchen nach ihren Eigenschaften. Er hat Information und verrichtet Arbeit.

Methylgruppe: -CH_3, ein Kohlenstoff mit drei Wasserstoffen. Häufiger epigenetischer Marker.

Methylierung: Anhängen von CH_3-Gruppen an genau definierte Stellen der DNA und von Histonproteinen. Dies ist die wichtigste Markierung des epigenetischen Zustands von Genen.

Metabolismus ist gleichbedeutend mit Stoffwechsel und ist die Bezeichnung für jene Vorgänge in den Zellen, die die Aufnahme von Stoffen (Nahrung), deren Abbau, Umbau und Ausscheidung betreffen.

Als *Metabolit* bezeichnet man die Zwischenprodukte des Stoffwechsels. Bei der Verwendung des Zuckers (Glucose) für die Energiegewinnung in unserem Körper ist zum Beispiel Milchsäure ein Zwischenprodukt.

Miller, Stanley: 1930–2007. Amerikanischer Chemiker. Er führte bereits in seiner Doktorarbeit die berühmten Ursuppenexperimente durch, um aus anorganischen Verbindungen organische Verbindungen, die Bausteine lebender Organismen sind, zu gewinnen.

MikroRNAs sind kurze RNA-Moleküle, die nur 19 bis 35 Basen lang sind und meistens eine inhibierende Wirkung auf die Aktivität der Gene haben.

Molekül: kleinste Einheit von zusammengesetzter Materie. Verbinden sich Atome mittels chemischer Bindungen, entstehen Moleküle. Zum Beispiel: Wassermoleküle bestehen aus einem Atom Sauerstoff und zwei Atomen Wasserstoff (H_2O).

Molekularbiologie: Die Wissenschaft, die das Phänomen Leben auf der Ebene der Moleküle betrachtet. Sie beschreibt den Aufbau von Lebewesen basierend auf deren molekularen Bestandteilen.

Montmorillonit: Mineral, Natrium, Aluminium-Silikat mit der chemischen Zusammensetzung $(Na,Ca)_{0,3}(Al,Mg)_2Si_4O_{10}(OH)_2 \cdot nH_2O$, das in Ursuppenexperimenten eingesetzt wurde.

Mutante: genetische Variante mit einer veränderten DNA-Sequenz, die sich von der Mehrheit der Individuen der gleichen Spezies unterscheidet.

Mutation ist in der Genetik die Bezeichnung für eine Veränderung in der DNA, die an die Tochterzelle weitervererbt wird. Die Bezeichnung kommt vom lateinischen »mutare« und bedeutet Veränderung. Als Punktmutation bezeichnet man die Veränderung von nur einer Base. Dafür hat sich der Begriff »SNP« durchgesetzt für »Single Nucleotide Polymorphism«.

Nukleotid: Grundbaustein der DNA und RNA bestehend aus 1–3 Phosphaten, einem Zucker (Ribose oder Desoxyribose) und einer von 4 Basen (Adenin, Cytosin, Guanin und Thymin bei der DNA und Uracil statt Thymin bei der RNA).

Oparin, Alexander Iwanowitsch: 1894–1980. Sowjetischer Biochemiker. 1938 publizierte er sein Buch »Entstehung des Lebens« mit der Theorie der spontanen Entstehung von Leben.

Orgel, Leslie: 1927–2007. Britischer Chemiker. Forschte zum Ursprung des Lebens und hat mit anderen die RNA als wichtiges Molekül bei der Entstehung des Lebens erkannt.

Peptid ist ein kurzes Protein aus nur wenigen Aminosäuren (2 bis ca. 40).

Polymer ist eine chemische Verbindung, die aus vielen gleichen (oder ähnlichen) Bausteinen besteht. Zum Beispiel ist ein Protein, dessen lange Ketten aus 20 verschiedenen Aminosäuren bestehen, ein Polymer. Ebenso ist RNA ein Polymer aus 4 verschiedenen Nukleotiden. Und Stärke ist ein Polymer aus vielen Glucose-Einheiten.

Prigogine, Ilya: 1917–2003. Russisch-belgischer Physikochemiker und Philosoph, erhielt 1977 den Nobelpreis für Chemie für seine Arbeiten zur Selbstorganisation lebender Systeme und Dissipativer Strukturen.

Protein ist ein Makromolekül, das aus Aminosäuren aufgebaut ist. Proteine (Eiweiße, Enzyme) gehören zu den Grundbausteinen aller Zellen. Proteine sind sehr vielfältig. Sie steuern die meisten chemischen Reaktionen in einer Zelle, bilden zum Großteil die Strukturen, die den Zellen ihre Form geben. Sie sind außerdem für die Energiegewinnung, für den Abbau unserer Nahrung und für den Aufbau unserer körpereigenen Stoffe verantwortlich.

Reverse Transkriptase ist ein Enzym, das die RNA abschreibt und eine entsprechende DNA-Kopie herstellt. Wichtig für die Evolution der Genome.

Ribosom ist ein RNA-Protein-Komplex, in dem die Synthese von Proteinen und auch die Dekodierung des genetischen Codes stattfinden.

Ribosomale RNA: Ribosomen bestehen aus mehreren ribosomalen RNAs und vielen ribosomalen Proteinen, die kleinere »16S« ribosomale RNA (16S rRNA) aus Bakterien ist beteiligt an der Dekodierung des genetischen Codes, während die große »23S« ribosomale RNA (23S rRNA) an der Katalyse der Peptidsynthese beteiligt ist.

Riboswitch (RNA-Schalter): RNA-Komponente, die sich falten kann, um spezifische kleine Moleküle zu binden und sich anschließend umfaltet, um die Expression von Genen zu steuern. Wird als Schalter bezeichnet, weil sie Gene ein- und ausschalten kann.

Ribozym: katalytisch aktive RNA.

RNA: Ribonukleinsäure, zu Deutsch »RNS«, international als RNA bekannt für Ribonucleic Acid. Die RNA ist ein Makromolekül, das – ähnlich der DNA – aus vielen aneinander verketteten Bausteinen besteht. Jeder dieser Bausteine besteht aus einer der 4 Basen Adenin, Cytosin, Uracil und Guanin; einer Ribose und einer Phosphorsäure. Chemisch betrachtet gibt es zwei Unterschiede zur DNA: Der Zuckerrest, die Ribose, hat einen zusätzlichen Sauerstoff. Und: Das Uracil unterscheidet sich vom Thymin dadurch, dass es eine Methyl-(CH_3)-Gruppe weniger hat. Dieser kleine chemische Unterschied hat aber enorme Folgen, weil durch den zusätzlichen Sauerstoff die RNA chemisch viel aktiver ist. Sie kann sehr unterschiedliche dimensionale Strukturen einnehmen, ist aber dafür instabiler und leicht abbaubar. Wichtig für die Entstehung des Lebens sind zwei Eigenschaften des RNA-Moleküls: Es kann genetische Information speichern (wie DNA) und es kann chemische Katalyse antreiben (wie Proteine). RNA vereint damit zwei grundlegende Eigenschaften des Lebens in einem Molekül – Information und Stoffwechsel.

RNAi: RNA-Interferenz. Mechanismus der Feinregulierung der Genexpression. Damit kann man Gene teilweise oder auch ganz ausschalten. Diese Methode hat einen sehr großen Fortschritt in der Grundlagen- und medizischen Forschung bewirkt, weil man damit einfach die Funktion von Genen untersuchen kann, indem man sie ausschaltet. Diese Methode wird (hoffentlich) bald therapeutische Bedeutung erlangen, weil Hoffnung besteht, dass man damit krankmachende Gene herunterregulieren wird können.

RNA-Thermometer: Die Faltung der RNA ist temperaturabhängig. Je tiefer die Temperatur, desto stabiler die Struktur, je höher die Temperatur, desto instabiler. Bei höheren Temperaturen entfalten sich die RNA-Moleküle, und jede RNA hat in Abhängigkeit ihrer Basenzusammensetzung eine bestimmte Temperatur, bei der sie ihre Struktur und ihre Funktion verändert. Deswegen sind RNAs in der Lage, die Temperatur zu messen.

SELEX ist ein Verfahren zur Erzeugung von synthetischen RNA-Molekülen mit gewünschten Eigenschaften. Steht für

»Systematic Enrichment of Ligands by Exponetial Enrichment«.

Sequenz ist die Reihenfolge der Bausteine (A, C, G, T bei DNA und A, C, G, U bei RNA) auf der Kette.

Schrödinger, Erwin: 1887–1961. Österreichischer Physiker und Wissenschaftstheoretiker. Begründer der Quantenphysik. Sein Porträt war auf der Tausend-Schilling-Note. Autor des Buches »Was ist Leben?« (1943).

Thymin ist eine der vier Basen der DNA, paart mit Adenin über zwei Wasserstoffbrücken.

Szostak, Jack: geboren 1952, kanadisch-US-amerikanischer Molekularbiologe, Nobelpreis in Medizin für die Entdeckung des Enzyms Telomerase. Sein Labor forscht über die evolutionären Bedingungen zum Beginn des Lebens.

Transkript: ein von der DNA abgeschriebenes Molekül, identisch mit RNA.

Transkription: Prozess, bei dem ein Strang der DNA in RNA abgeschrieben wird, um die Information eines Gens zu aktivieren.

Transkriptom: die Gesamtheit der RNA-Moleküle einer Zelle.

Uracil ist eine der vier Basen der RNA. Paart über zwei Wasserstoffbrücken mit Adenin.

Ursuppe, Ursuppenexperimente: Experimente, die den Ursprung des Lebens im Labor nachstellen und vielleicht auch erklären könnten. Man sucht nach den Bedingungen, die auf der Erde bestanden haben könnten, als das Leben entstand, und lässt die damals ablaufenden chemischen Reaktionen erneut ablaufen. Bekannt für das erste Ursuppenexperiment wurde Stanley Miller (1930–2007), Schüler des Nobelpreisträgers Harold Urey (1893–1981), die im Jahr 1953 im Labor der Universität von Chicago die Ursuppe nachkochten.

Varela, Francisco: 1946–2001, chilenischer Biologe und Philosoph, der gemeinsam mit Humberto Maturana den Begriff »Autopoiesis« prägte, um auf die Selbstorganisationsfähigkeit von Lebewesen hinzuweisen.

Virus ist ein kleines Partikel, das Zellen befällt und sich nur innerhalb einer Wirtszelle vermehren kann. Viren stellen noch keine Lebewesen dar, weil sie keinen eigenen Stoffwechsel haben.

Sie enthalten jedoch genetische Information in Form von DNA oder RNA.

Virulenz: Ein Begriff aus der Mikrobiologie, der angibt, wie stark ein Krankheitserreger tatsächlich eine Krankheit verursacht.

Wasserstoffbrückenbindung ist eine wichtige schwache chemische Bindung zwischen zwei Atomen, die sich ein Wasserstoffatom teilen. Diese Art der Bindung ist essenziell für die spezifische Wechselwirkung zwischen biologischen Molekülen.

Watson, James D: geboren 1928, amerikanischer Biochemiker und Nobelpreisträger, der gemeinsam mit Francis Crick, Maurice Wilkins und Rosalind Franklin die dreidimensionale Struktur der DNA, die sogenannte Doppelhelix, aufgeklärt hat.

Woese, Carl: 1928–2012, amerikanischer Evolutionsbiologe, der die Archaeen als dritte Domäne der Lebewesen einführte und die Priorität der RNA vor der DNA vorschlug.

Zelle ist die kleinste Einheit des Lebens. Das Wort stammt vom lateinischen Wort »cellula« und bedeutet kleine Kammer. In der Regel sind Zellen 1 bis 100 Mikrometer klein. In einer lebenden Zelle finden alle Funktionen statt, die für deren Wachstum und Vermehrung notwendig sind. Es gibt viele einzellige Organismen wie zum Beispiel Bakterien und Hefe.

Zufall ist ein Ereignis, dessen Ursache nicht erkennbar ist und bei dessen Wiederholung ein anderes Ergebnis eintritt. Per definitionem kann man den Ausgang eines zufälligen Ereignisses nicht voraussagen, nicht planen und auch nicht steuern. Zu unterscheiden ist es von einer Situation, in der wir keine Aussagen machen können, weil wir zu wenig Information über die Bedingungen haben, unter denen Ereignisse eintreten können. Auch nicht zu verwechseln mit der Wahrscheinlichkeit, dass ein Ereignis eintritt, wenn es sehr viele Möglichkeiten gibt.

Referenzen

Gilbert, Walter (1986) »Origin of life: The RNA world«. Nature 319, S. 618.

Maturana, Humberto R. & Varela, Francisco J. (1987) Der Baum der Erkenntnis. Fischer Taschenbuch Verlag.

Schrödinger, Erwin (1944) Was ist Leben? Piper Verlag 1989.

Schroeder, Renée & Nendzig, Ursel (2011) Die Henne und das Ei. Auf der Suche nach dem Ursprung des Lebens. Residenz Verlag.

Schroeder, Renée & Nendzig, Ursel (2014) Von Menschen, Zellen und Waschmaschinen. Anstiftung zur Rettung der Welt. Residenz Verlag.

Schroeder, Renée & Nendzig, Ursel (2016) Die Erfindung des Menschen. Wie wir die Evolution überlisten. Residenz Verlag.

Jheeta, Sohan & Joshi, Prakash (2014) »Prebiotic RNA Synthesis by Montmorillonite Catalysis«. Life 4 (3), S. 318–330.

Pääbo, Svante (2014) Die Neandertaler und wir: Meine Suche nach den Urzeit Genen. S Fischer Verlag.

Bildnachweise

Abb. 2: Zeichnung von Lucia Aronica aus »Die Erfindung des Menschen«, 2016

Abb. 7: Mansey et al. 2008

Abb. 8: Schroeder & Nendzig 2011

Die Autorin

Renée Schroeder ist in Brasilien geboren und aufgewachsen. Mit vierzehn übersiedelte sie mit ihrer Familie nach Österreich. In Wien studierte sie Biochemie und hat vierzig Jahre lang die Eigenschaften der Ribonukleinsäure (RNA) erforscht. Zahlreiche Preise und Auszeichnungen, darunter der Wittgenstein-Preis 2003. Seit 2018 ist sie Kräuterbäuerin auf der Postalm in Salzburg.